H5+ 跨平台移动应用实战开发

邹琼俊 编著

北京航空航天大学出版社
BEIHANG UNIVERSITY PRESS

内 容 简 介

本书通过一个完整的示例项目“社区维修 App”展开介绍，内容由浅入深，从零开始一步步介绍 H5 移动应用开发，书中所使用的开发工具是 HBuilder，项目采用的技术主要是 HTML5、5＋、MUI 和 Vue.js 等。

本书适合对 HTML5 和 js 有一定了解，但没有 H5 移动应用开发经验，或者正准备学习 H5 移动开发的初学者。希望本书能够快速地引领读者进入 H5 移动应用开发的大门。

图书在版编目(CIP)数据

H5＋跨平台移动应用实战开发 / 邹琼俊编著. -- 北京：北京航空航天大学出版社，2019.4

ISBN 978-7-5124-2976-5

Ⅰ.①H… Ⅱ.①邹… Ⅲ.①超文本标记语言－程序设计 Ⅳ.①TP312.8

中国版本图书馆 CIP 数据核字(2019)第 055840 号

版权所有，侵权必究。

H5＋跨平台移动应用实战开发

邹琼俊 编著

责任编辑 剧艳婕

*

北京航空航天大学出版社出版发行

北京市海淀区学院路 37 号(邮编 100191) http://www.buaapress.com.cn

发行部电话：(010)82317024 传真：(010)82328026

读者信箱：emsbook@buaacm.com.cn 邮购电话：(010)82316936

涿州市新华印刷有限公司印装 各地书店经销

*

开本：710×1 000 1/16 印张：15 字数：320 千字

2019 年 4 月第 1 版 2020 年 2 月第 2 次印刷 印数：3 001～6 000 册

ISBN 978-7-5124-2976-5 定价：69.00 元

若本书有倒页、脱页、缺页等印装质量问题，请与本社发行部联系调换。联系电话：(010)82317024

前 言

本书特点

本书旨在通过模拟一个社区的维修功能模块来介绍如何进行 H5＋跨平台移动应用的开发。全书以项目驱动的形式来贯穿各个技术知识点，从而让读者能够快速上手开发，并且使读者在阅读过程中不会觉得枯燥乏味。

因为本书主要采用的是 MUI 前端框架，所以本书中的项目并没有采用时下非常流行的 SPA（单页应用）技术进行组件模块化开发。如果进行 SPA 开发，读者可能需要储备更多的知识，如 node. js、webpack、vue 全家桶以及和 vue 相配套的模块化 UI 库，如由“饿了么”公司提供的 elementUI。

在写本书之时，Dcloud 又开发出了新一代的跨平台前端框架 uni-App，它正是基于组件化的方式开发的，而且它在支持 iOS 和 Android 系统的同时又兼容了微信小程序，由于是新出来的框架，因此目前还处于不断的完善过程中。uni-App 官网地址：http://uniApp. dcloud. io/。

如何阅读本书

由于书中内容环环相扣，因此我建议读者尽量按照顺序阅读，然后按照书中的步骤，自己动手来实现。在这个过程中，可以根据自己的需要修改和新增一些需求，从而实现一个属于自己的 App 项目。

源码及勘误

本书附带源代码供读者参考，源码下载地址：https://dev. tencent. com/u/zouyujie/p/h5_app/git/archive/master。

如果下载有问题，请发电子邮件至：zouyujie@126. com，邮件主题为“H5”。

希望本书能给读者带来思路上的启发与技术上的提升，每位读者都能够从中获益。同时，也非常希望借此机会能与国内热衷于 H5 移动应用的开发者进行交流。

由于时间和本人水平有限，书中难免存在一些纰漏和错误，希望大家批评、指正。如果大家发现了问题，可以直接和我联系，我会第一时间在本人的技术博客（http://www.cnblogs.com/jiekzou）中发表并加以改正，万分感谢。另外，有兴趣的读者可加入QQ技术交流群：773766020。

致 谢

本书能顺利的出版，首先要感谢剧艳婕编辑，其次是北航出版社的其他编辑，正是他们在我写作的过程中提供协助，才使得整个创作不断地被完善，从而确保了本书顺利完稿。

写一本书所费的时间和精力都是巨大的，在写书期间，我占用了太多本该陪家人的时间，在这里要特别感谢我的爱人王丽丽，谢谢你帮我处理了许多生活上面的琐事；还有我的儿子邹宇峰，作为一名父亲，我没能好好陪伴在你身边，这是我最大的遗憾。人生很无奈的一件事就是：宝贝，放下工作就养不起你，拿起工作却陪不了你！还要感谢我的父母，是他们含辛茹苦地把我培养成人，同时感谢公司给我提供了一个自我提升的发展平台，正是由于这一切的一切，才促使我顺利完成本书的编写。

作 者

2019年2月

目　录

第1章 技术背景及知识储备

1.1 H5+介绍

HTML5 plus Runtime：简称 H5+ Runtime，是运行于手机端的强化 web 引擎，除了支持标准 HTML5 外，还支持更多扩展的 js API。它是增强版的手机浏览器引擎，让 HTML5 达到原生水平！

Dcloud 官网：http://www.dcloud.io/。

Dcloud.io：数字天堂（北京）网络技术有限公司。

已使用 Dcloud 的应用服务如 HBuilder、5+Runtime、MUI、流应用等，如图 1-1 所示。

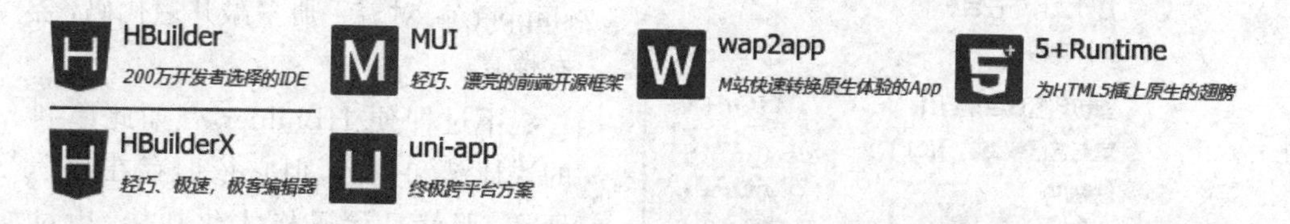

图 1-1　使用 Dcloud 的应用服务举例

HTML5 中国产业联盟提供的 API 文档：http://www.html5plus.org/doc/h5p.html。

Dcloud 提供的 API 文档：http://www.dcloud.io/docs/api/。

1.2 Hbuilder 介绍

Hbuilder 是飞速编码的极客工具，手指爽，眼睛爽。这是官方介绍，读者可以理解为它就是一款前端的 IDE 工具。不过它的智能提示确实非常强大，在 js 和 css 这方面已经超越了 VS。

看一下官方是如何宣传的：

- 编码比其他工具快 5 倍够不够？对极客而言，追求快，没有止境！
- 代码输入法：按下数字快速选择候选项。

- 可编程代码块：一个代码块，少敲 50 个按键。
- 内置 emmet：Tab 一下生成一串代码。
- 无死角提示：除了语法，还能提示 ID、Class、图片、链接和字体等。
- 跳转助手、选择助手，不用鼠标，手不离键盘。
- 支持多种语言：php、jsp、ruby、python 和 nodejs 等 web 语言，支持 less、coffee 等编译型语言。
- 边改边看：一边写代码，一边看效果。
- 强悍地转到定义和一键搜索。
- 这里还有最全的语法库、最全的语法浏览器兼容库。

由于本项目采用的是 MUI 框架，那么自然而然就是用其官网提供的开发工具 HBuilder。官网下载地址：http://www.dcloud.io/。

下载之后直接安装就行了，需要注意的是，HBuilder 为 MUI 框架提供了很多快捷键，熟记它们对提升编码效率非常明显。第一次打开 HBuilder 会有一个使用的帮助文档，对照着敲一遍代码，应该就熟练了。读者也可以直接查看 MUI 官网提供的代码块手册：http://dev.dcloud.net.cn/mui/snippet/。对着手册多敲几遍代码，会有惊喜。

菜单项	快捷键
激活代码助手(A)	Alt+/
显示方法参数提示(S)	Alt+?
撤销 正在键入(U)	Ctrl+Z
还原文件(V)	
保存(S)	Ctrl+S
打开方式(W)	›
打开文件所在目录(P)	
打开声明	F12
剪切选区或当前行(T)	Ctrl+X
复制选区或当前行(C)	Ctrl+C
粘贴(P)	Ctrl+V
粘帖并格式化(E)	Ctrl+Shift+V
压缩(C)...	
整理代码格式(F)	Ctrl+Shift+F
验证本文档语法(V)	
注释/反注释	Ctrl+/
开启/关闭注释已选内容	Ctrl+Shift+/
外部工具(X)	›
运行方式(R)	›
调试方式(D)	›
版本管理(E)	›
Quick Outline	Ctrl+O
自动换行(W)	
首选项(F)...	

图 1-2　右击快捷菜单

不过即便 HBuilder 有如此犀利的快捷键和提示，但它依旧存在一个硬伤，那就是代码格式化功能，用过 VS 的人，对其他 IDE 总是会有各种看不惯的地方，因此我通常都是用 HBuilder 写代码，用 VS 查错和格式化代码。

需要记住一些常用的快捷键，诸如行注释 Ctrl+/、块注释 Ctrl+Shift+/等。如果实在记不住也没关系，只要右击工作区，就可以看到一些最常用的操作，如图 1-2 所示。

用 HBuilder 很大的一个原因还是为了进行手机 App 开发，尤其是在使用 MUI 框架的情况下，就不得不使用 HBuilder，因为它已经完美地集成在了 HBuilder 中，配合各种代码快捷键，可以让写代码的速度加快。HTML5 一大用途就是 App 开发，而 HBuilder 良好地支持手机 App 开发，包括新建移动 App 项目、run in device 真机调试、本地及云端打包等。同时，HBuilder 开发的 HTML5＋App 比普通的 web App 功能更强、性能更高。

1.2.1 HBuilder 真机调试

在使用真机调试的时候，如果是 Android 手机，首先要打开手机的开发者模式；不同厂商的手机进入开发者模式的方式可能不一样，读者可以根据自己的手机类型自行百度。

如果已经进入了开发者模式，依旧出现如图 1－3 所示的界面时，可以重新插拔一下数据线重试。

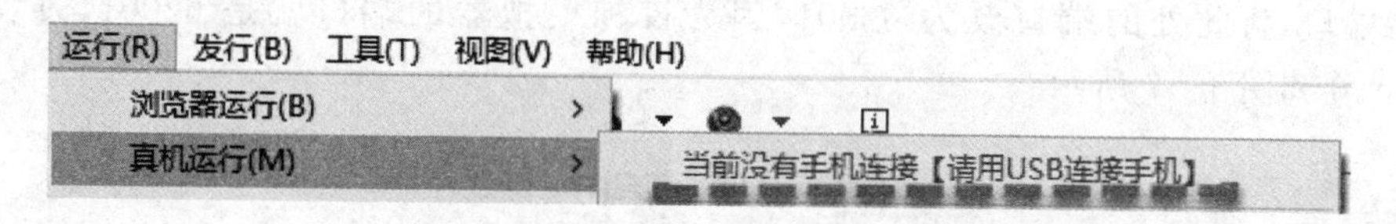

图 1－3　开发者模式下不显示手机连接

如果先把手机通过 USB 数据线连接计算机，然后再打开 HBuilder，这样可能出现找不到设备的情况，这时可以尝试先关闭 HBuilder 再重新打开。

如果还是不行，可以检查手机的“可通过电脑传输文件”选项，如图 1－4 所示，确保已选择“媒体设备(MTP)”项。“开发者选项”要确保已经打开了“USB 调试”。

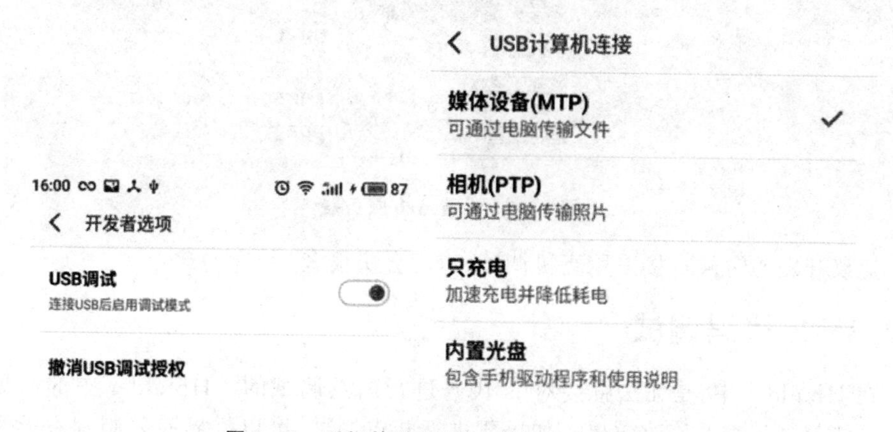

图 1－4　手机的“可通过电脑传输文件”界面

正常连接的情况下，应该如图 1－5 所示。

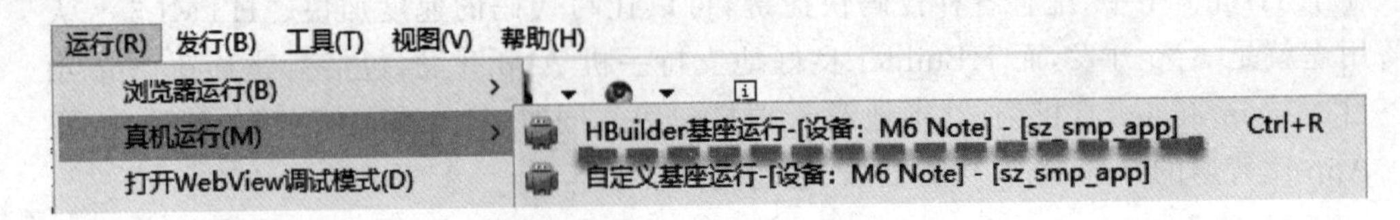

图 1-5　正常连接的界面

1.2.2　HBuilder 使用安卓模拟器调试

安卓模拟器有很多,这里以夜神模拟器为例。

使用安卓夜神模拟器来运行手机 App 的时候,要先配置 HBuilder,其配置方式:HBuilder 的工具→选项→运行→设置 web 服务器→HBuilder→第三方 Android 模拟器端口,将此处的端口改为 62001,因为夜神模拟器的端口就是 62001,过程如图 1-6 和图 1-7 所示。

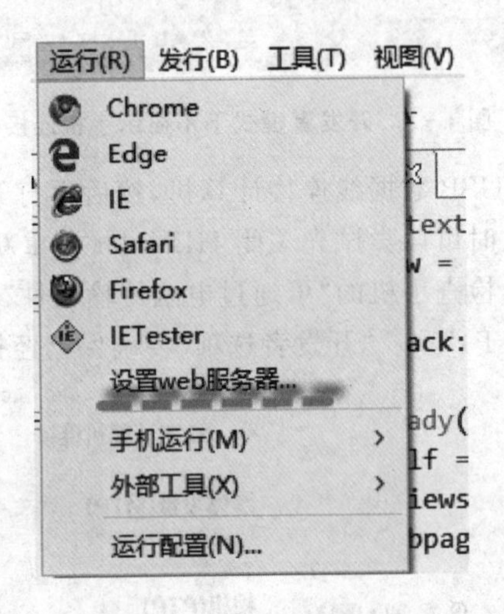

图 1-6　设置 web 服务器

建议开发的时候直接采用真机调试,速度会快很多。

1.2.3　js 代码调试

在 Hbuilder 中,是无法直接对 js 代码进行断点调试的。Hbuilder 中的所见即所得功能仅限于查看修改效果。如果要进行断点调试,可以将界面复制到谷歌浏览器中,利用谷歌浏览器的开发者模式(按 F12)进行调试。

举个例子,假如在 Hbuilder 中打开了 login. html,在右侧 web 浏览器选项卡中可以直接看到该界面在本地服务器运行的地址,可以直接将这个地址复制到谷歌浏览器中,如图 1-8 所示。

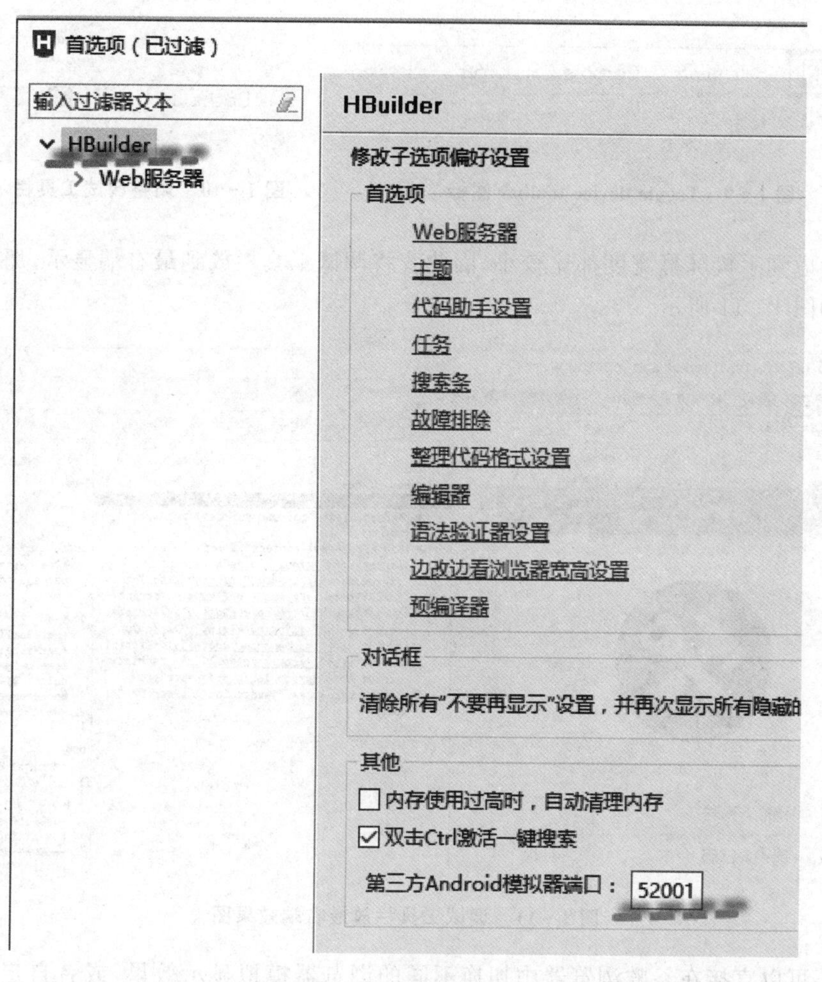

图 1-7 修改数据

图 1-8 复制地址

按 F12 进入谷歌开发者模式，然后单击 Toggle device toolbar 图标，如图 1-9 所示。

依据个人开发习惯，还可以调整调试工具栏的位置，如图 1-10 所示。

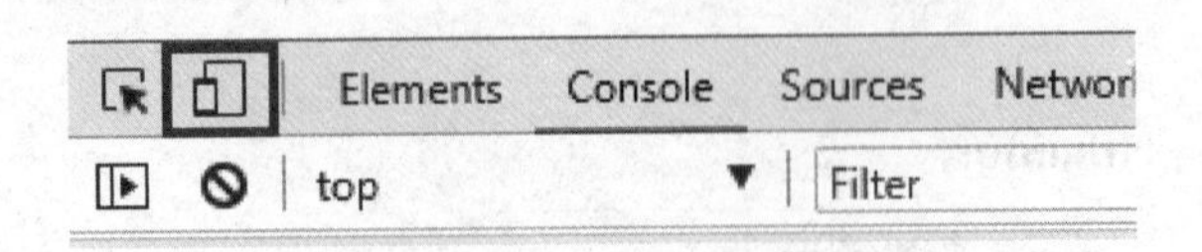

图 1-9　Toggle device toolbar 图标

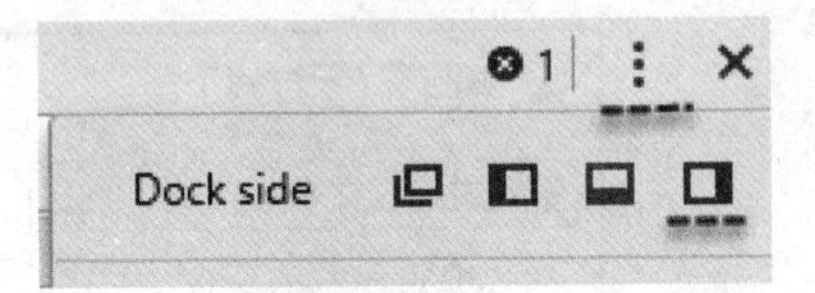

图 1-10　调整调试工具栏示意图

考虑到手机屏幕宽度都比较小，因此我将调试工具栏放到最右端显示，那么最终效果如图 1-11 所示。

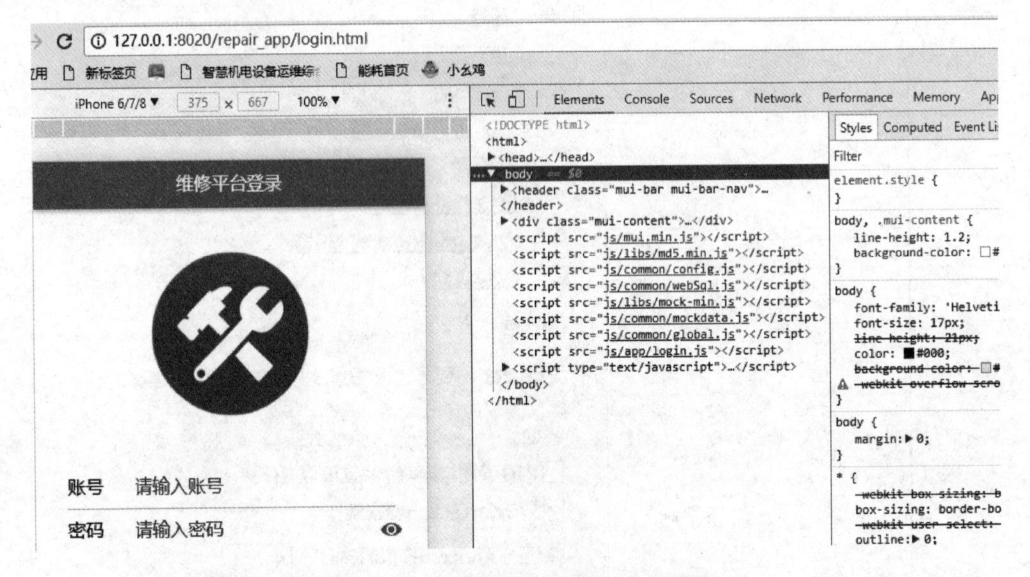

图 1-11　调试工具栏放最右端效果图

还可以直接在谷歌浏览器中切换不同的浏览器模拟显示效果，或者自定义屏幕分辨率来查看运行效果。需要注意的是，在谷歌中模拟显示的效果和在真机上运行的效果有时是有差异的。

默认情况下，在谷歌浏览器中是无法直接调试 Android 手机的（苹果手机当然用苹果的浏览器调试），你需要具备一个条件：翻墙。

注意：苹果手机调试如果使用苹果浏览器，可以不需要翻墙直接在苹果浏览器中调试。如果既没有苹果手机又没有翻墙，那怎么办？

采用最原始的办法，万能的 console. log(val)，如果 val 是 object 对象，那么要通过 console. log(JSON. stringify(val)) 将对象转为字符串，然后输出。这样的话，在 HBuilder 中运行界面操作的时候，是可以将信息直接打印到控制台上的，但是有一点，显示在控制台上的字符串长度是有限制的，超出部分会被自动截取，不过大多数情况下够用了。这样又有个问题，在开发环境下将会到处充斥着 console. log 代码，而这是非常影响性能的，发布到生产环境的时候要将其去掉。一个偷懒的办法：可以直接对 console.log 代码进行重写，如果是开发环境则输出内容到控制台，如果是生产则什么也不输出。代码如下：

```
if (config.OpenLog == false) {
    console.log = (function (oriLogFunc) {
        return function (str) {
            oriLogFunc.call(console,'');
        }
    })(console.log);
}
```

1.3 MUI 介绍

官方的一句话介绍：最接近原生 App 体验的高性能前端框架。

MUI 以 iOS 平台 UI 为基础，补充部分 Android 平台特有的 UI 控件。它其实就是利用 js 和 css 等技术来模仿原生的 UI 控件，让它看起来就像原生的一样。既然是做移动应用，那么一定会关注性能。MUI 不依赖任何第三方 JS 库，压缩后的 JS 和 CSS 文件仅有 100＋KB 和 60＋KB。

MUI 封装了许多常用的 UI 组件，读者可以直接去官网查看文档。官网对每一个控件都有简单的介绍，官网同时提供开源的 App 用于演示各种 UI 控件使用的 demo。读者可以直接安装到手机上看一下它们的实际运行效果。源码下载地址：https://github.com/dcloudio/mui，文档网址：http://dev.dcloud.net.cn/mui/ui/。

组件列表如图 1－12 所示。其他的一些封装包括窗口管理、事件管理、utils、AJAX、下来刷新、上拉加载和代码块，如图 1－13 所示。

UI组件

accordion（折叠面板）
actionsheet（操作表）
badges（数字角标）
buttons（按钮）
cardview（卡片视图）
checkbox（复选框）
dialog（消息框）
gallery（图片轮播）
grid（栅格）
icon（图标）
input（输入表单）
list（列表）
mask（遮罩蒙版）
number box（数字输入框）
offcanvas（侧滑菜单）
popover（弹出菜单）
picker（选择器）
progressbar（进度条）
transparentBar（透明状态栏）
radio（单选框）
range（滑块）
scroll（区域滚动）
slide（轮播组件）
switch（开关）

图 1－12　组件列表

MUI 对窗口管理也进行了封装，其实就是对界面进行管理，包括多个界面直接传值，界面加载以及预加载等。MUI 封装了一些常用的事件，包括一些 dom 节点的处理事件（这个有点类似 jquery 封装的一些事件）、手势事件和自定义事件等。

utils：这是 MUI 封装的一些通用的方法。包

窗口管理
事件管理
utils
AJAX
下拉刷新
上拉加载
代码块

图 1－13　封装列表

括：init()、mui()、each()、extend()、later()、scrollTo()和os等。

AJAX：这是MUI封装的一个方法，跟jquery中的AJAX方法有点类似。

下拉刷新：这是一个很重要的功能模块，官方提供了两种实现方式，单webview模式和双webview模式。由于官网推荐使用单webview模式，所以我在接下来的项目中就采用这种模式讲解。

上拉加载：就是实现上拉分页的功能，因为在移动端和PC端实现分页的方式通常是有区别的，移动端直接上划更符合人的操作习惯，而不是像PC端一样一页一页去单击。

代码块：其实就是通过一些快捷键自动生成代码块，它将极大地提高编码效率，所以应该记住这些快捷键；一开始记不住也没关系，只要知道除了js代码块中有极少部分是以字母简写的形式促发，其他的代码块促发代码块的首字母是m就可以了，在HBuilder中一敲入m就会有智能下拉提示，同时伴有说明。在工作中，用得多自然就记住了，无须刻意去背这些代码块的快捷键，熟能生巧，敲的代码多了自然就记住了，就像许多用五笔打字的人通常都早已忘记五笔字根口诀一样。

从github上下载MUI的源码后，在HBuilder中打开时将出现如图1－14所示的界面。

图1－14中的各项功能如下：

dist：MUI框架源码，主要是css、js和字体；

examples：官方提供的App示例源码；

js：各种js组件的封装；

plugin：MUI相关的功能插件，这里只提供了两个，picker和share；

template：提供了一个关于问题反馈的模板示例；

package.json：项目的配置文件；

README.md：基于md格式的项目说明文件。

图 1－14　源码在 HBuilder 中打开时的界面

关于这些UI组件的具体使用以及MUI框架的其他封装内容，请自行查阅官网文档和源码，这里不再介绍，我将重点介绍官网上面没有的东西，不然写作此书将没有任何意义。

在此，我建议读者快速通读一遍官网文档，可以先不求甚解，只需了解一下有哪些组件、事件，各个组件长什么样，各功能模块是什么样的即可。

HBuilder 中集成了 MUI 中许多常见的代码块，只需要输入特定的字符就会触发代码块的调用，从而极大地提高了编码速度。这些触发字符大部分都是 m 字母开头，它们是功能块的单词简写组合，所以十分方便记忆。

1.4 Vue.js 介绍

vue.js，当下非常流行的一款国产轻量级前端 js 框架，其特点是小巧而不失优雅，学习曲线平缓，极易上手。如果没有接触过 vue.js，可以去官网看一遍文档，官网：https://cn.vuejs.org/v2/guide/，然后就可以用起来了。由于本书没有采用 vue 中的组件化模块化来开发单页应用，因此可以暂时不去了解这一块的内容。

使用 vue 时需要注意的是，忘记过去 js 或 jquery 这种 dom 操作，而是通过数据驱动的形式渲染、传递以及接收数据。MUI 也是通过 dom 操作的 js 框架，所以当把 Vue 和 Mui 一起使用的时候无可避免地会存在 dom 操作，这也是无关紧要的，只需要注意一些地方就可以了。

由于后面使用了离线存储，所以不建议直接引用官网提供的 cdn 来引入 vue.js，可以直接到 github 下载最新版本的源码，然后引入到项目中来。当然，我也会直接在项目源码中提供源码，新版本可能存在一些语法上的差异，请尽量使用我源码中提供的文件，从而保证项目代码能够正常运行。

这里通过一个简单的 Demo 来演示 vue.js 的使用。先引入 vue.min.js，然后新建 HTML 界面 vue-test.html，在界面中添加 vue.min.js 的引用。代码如下：

```
<!DOCTYPE html>
<html>
<head>
<meta http-equiv="Content-Type" content="text/html; charset=utf-8"/>
    <title></title>
    <meta charset="utf-8" />
    <meta name="viewport" content="width=device-width,initial-scale=1,maximum-scale=1,user-scalable=no">
    <style type="text/css">
        /* <div> 不会显示，直到编译结束。*/
        [v-cloak]{display:none !important;}/*visibility:hidden; */
        html{font-size:14px;}
        .red{color:red;}
        .green{color:green;}
        .div_color{font-size:16px;}
        content> div{
```

```
    line-height:30px;
        }
      </style>
  </head>
  <body>
      <div id="App">
          <header></header>
          <content>
              <div v-bind:title="pageData.message">
                  鼠标悬停几秒钟查看此处动态绑定的提示信息!
              </div>
              <div v-text="pageData.firstSwordsMan"></div>
              <div>{{pageData.firstSwordsMan}}</div>
              <div v-cloak>谁是最可爱的人:{{theCutest}}</div>
              <div class="div_color"  v-bind:class="{red:color==1,green:color
==2}">我是什么颜色</div>
              <div><button v-on:click="changeColor(1)">红色</button><button v
-on:click="changeColor(2)">绿色</button></div>
              <div><button  v-bind:style="{ color:activeColor}">style操作</
button></div>
              <ul><li v-for="item in items" :key="item.id" v-text="item.mes-
sage"></li></ul>
              <div><button v-on:click="addUL">增加记录</button><button v-
on:click="modifyUL">修改</button></div>
              <div>输入信息:<input type="text" v-model="inputVal"/></div>
          </content>
      </div>
  </body>
  <script src="js/vue.min.js"></script>
  <script type="text/javascript">
      var App=new Vue({
          el:'#App',
          data:{
              theCutest:'每个人心中都有答案',
              pageData:{
                  message:'你看到我了',
                  firstSwordsMan:'天下第一剑谢晓峰',
                  firstMan:'天下第一高手不败顽童古三通'
              },
              color:1,
              activeColor:'red',
              inputVal:'邹琼俊',
```

```
            items:[ {message:"Test one",id:"1"},{message:"Test two",id:"2"},{mes-
sage:"Test three",id:"3"} ]
        },
        //钩子函数
        mounted:function () {
            //初始化
        },
        methods:{
            //改变颜色
            changeColor:function (color) {
                this.color = color;//这里的 this 指向对象 App
            },
            //增加记录
            addUL:function () {
                this.items.push({ message:"Test four",id:"4" });
            },
            //修改记录参数解读
            //target:要更改的数据源(可以是对象或者数组)
            //key:要更改的具体数据
            //value:重新赋的值
            modifyUL:function () {
                Vue.set(App.items,2,{ message:"第三条记录",id:"3" });
                                            //App.items 也可以用 this.items
            }
        }
    })
</script>
</html>
```

运行效果如图 1-15 所示。

代码解析：

在使用 vue 时，需要一个容器来挂载 vue 对象，需要注意的是，不要将 HTML 或者 body 作为挂载容器，通常通过在 body 标签内定义一个 div 来作为挂载容器，在 vue 对象中是通过 el 属性来进行设置的。data 属性配置的是界面中所有用到的数据对象信息，数据的单向展示可以通过在 dom 节点上添加 v-text 属性来绑定，或者直接使用占位符“{{}}”来绑定。

v-text 用于操作纯文本，它会替代 dom 标签中的内容显示对应的数据对象上的值。当绑定的数据对象上的值发生改变，插值处的内容也会随之更新。“{{}}”是 v-text 的简写形式。

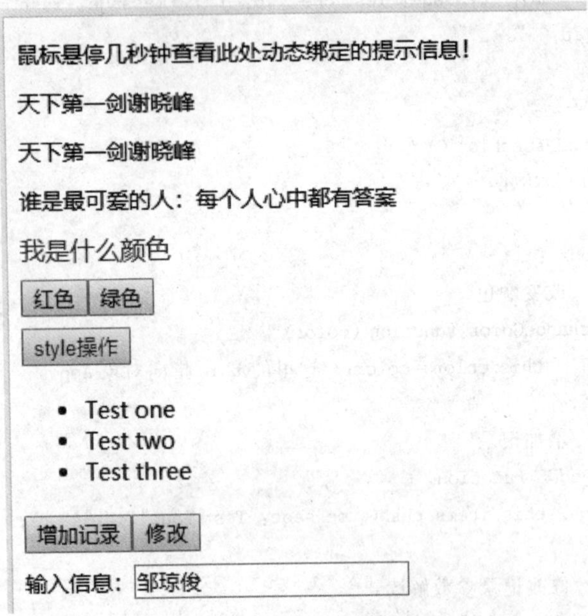

鼠标悬停几秒钟查看此处动态绑定的提示信息！

天下第一剑谢晓峰

天下第一剑谢晓峰

谁是最可爱的人：每个人心中都有答案

我是什么颜色

红色 绿色

style操作

- Test one
- Test two
- Test three

增加记录 修改

输入信息：邹琼俊

图 1－15　代码演示效果图

v-html 用于输出 HTML，它与 v-text 的区别在于 v-text 输出的是纯文本，浏览器不会对其再进行 HTML 解析，但 v-html 会将其当 HTML 标签解析后输出。

v-model 通常用于表单组件的绑定，例如 input，select 等。它与 v-text 的区别在于它实现表单组件的双向绑定，如果用于表单控件以外的标签是没有用的。

v-on:click＝"函数名"，给标签绑定了单击事件，在 App 开发中，通常将 tap 替换 click。

mounted：编译好的 HTML 挂载到页面完成后执行的事件钩子，此钩子函数中一般会做一些 ajax 请求获取数据，进行数据初始化。后面结合 MUI 来使用时，可以在这个钩子函数中进行 MUI 的初始化工作。

注意：mounted 在整个实例中只执行一次。

在使用 vue 绑定数据的时候，渲染页面时会出现变量闪烁的问题，使用"{{}}"进行数据绑定时会出现闪烁，使用 v-text 则不会出现。但有时为了方便而无可避免地要用"{{}}"，在 vue 中有个指令可以解决这个问题，那就是 v-cloak。那么，v-cloak 要放在什么位置？是不是每个需要渲染数据的标签都要添加这个指令？其实 v-cloak 并不需要添加到每个标签，只要在 el 挂载的标签上添加就可以了，同时，在 css 里面要添加 css 样式配置，例如如下代码：

```
/* <div> 不会显示，直到编译结束。 */
[v-cloak]{display:none ! important;}
<div v-cloak>谁是最可爱的人：{{theCutest}}</div>
```

而代码 <div>{{pageData. firstSwordsMan}}</div>这里会出现"{{}}"括号一闪而过的问题。

但是防止界面闪烁有的时候会不起作用，可能的原因：

- v-cloak 的 display 属性被层级更高的（z-index 值更大的）给覆盖掉了，所以要提高层级，给样式添加"！important"。
- 样式放在了@import 引入的 css 文件中。

v-cloak 的这个样式放在@import 引入的 css 文件中不起作用，可以放在 link 引入的 css 文件里或者内联样式中。

在 vue 里面，操作最多的就是各种数据，在 jquery 里面，通常习惯通过下标定向找到数据，然后重新赋值，比如，App. items[2]={ message："第三条记录"，id："3"}；在 vue 中，如果直接修改数组中的数据，而数组的长度没有变化的话，它将不会在界面上面进行数据的同步更新。正确的方式应该是：Vue. set（App. items，2，{ message："第三条记录"，id："3" }）。

Vue. set（）方法的三个参数说明如下：

- target：要更改的数据源（可以是对象或者数组）；
- key：要更改的具体数据；
- value：重新赋的值。

不单单是在修改数组集合时无法触发视图更新，在给对象添加属性时也是无法触发视图更新的，都必须通过 Vue. set（）方法来让视图进行更新。

由于本书不是专门介绍 vue. js 的书籍，因此这里只会在 vue 项目中对用得最频繁的一些知识进行简单的介绍，并没有对 vue. js 做更进一步的详细介绍。关于 vue 更多的内容请至官网学习：https：//cn. vuejs. org/。

1.5 阿里巴巴矢量库介绍

矢量图，也称为面向对象的图像或绘图图像，在数学上定义为一系列由线连接的点。矢量文件中的图形元素称为对象，每个对象都是一个自成一体的实体，它具有颜色、形状、轮廓、大小和屏幕位置等属性。

矢量图的优缺点：

（1）文件小，图像中保存的是线条和图块的信息，所以矢量图形文件、分辨率和图像大小无关，只与图像的复杂程度有关，图像文件所占的存储空间较小。

（2）图像可以无级缩放，对图形进行缩放、旋转或变形操作时，图形不会有锯齿。

（3）可采取高分辨率印刷，矢量图形文件可以在任何输出设备打印机上以打印或印刷的最高分辨率进行打印输出。

（4）最大的缺点是难以表现色彩层次的丰富、逼真的图像效果。

（5）矢量图与位图的效果天壤之别，矢量图无限放大但不模糊，大部分位图都是由矢量导出来的，也可以说矢量图就是位图的源码，源码可以编辑。

在Web应用中，为了适应不同的分辨率，通常采用矢量图标来直接替代jpg、gif等位图。矢量图标分为线形图标和面形图标，面型是实心的，线形是空心的，读者可以这样理解，通常在一个项目中，最好统一采用线形图标或面形图标。

在开发App项目的过程中，对于一些通用的图标，我们肯定会直接去网上找现成的，而不是一个个动手去画。而阿里巴巴矢量图标库，正是一个集成了网上许多免费矢量图的网站，我们可以直接在这里面找到项目中需要的图标素材。阿里巴巴矢量图标库：http://www.iconfont.cn。

可以直接输入中文名查找需要的图标，如图1-16所示。

图1-16　图标查找界面

搜索结果如图1-17所示。

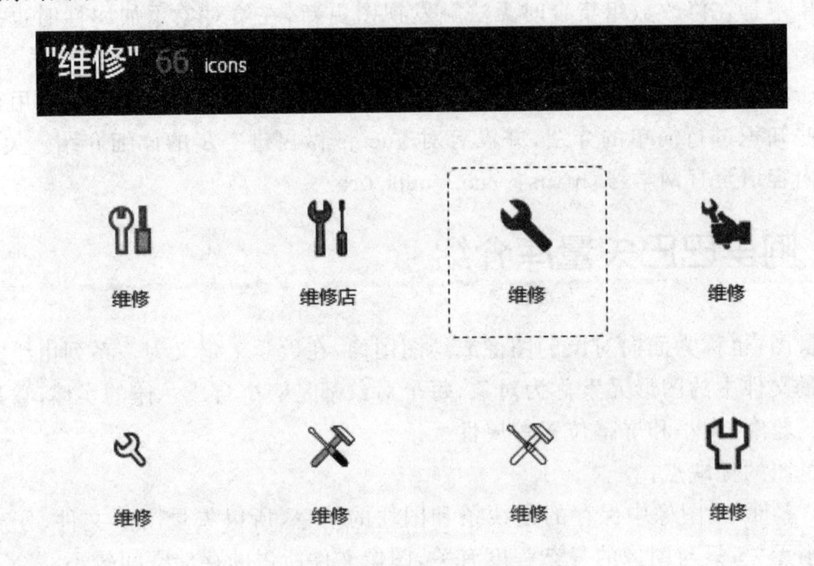

图1-17　搜索结果界面示例

移动到需要的图标位置，单击购物车图标，可以将需要的图标添加到购物车。如图1-18所示。

单击右上角上面的购物车图标，如图1-19所示。

图 1－18　添加图标至购物车

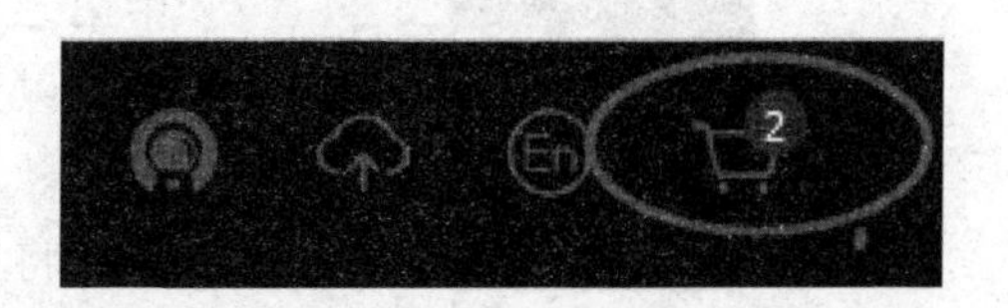

图 1－19　购物车图标

然后单击“添加至项目”，这样就可以把项目中需要的图标进行打包，这里可以选择添加到新项目，也可以添加至已有项目中。如果你还没有登录，它会提示你使用快捷登录，你可以直接使用 github 的账号进行快捷登录，如果还没有 github 账号，可以先去 github 官网注册一个账号，github 官网地址：http://github.com/，如图 1－20 所示。

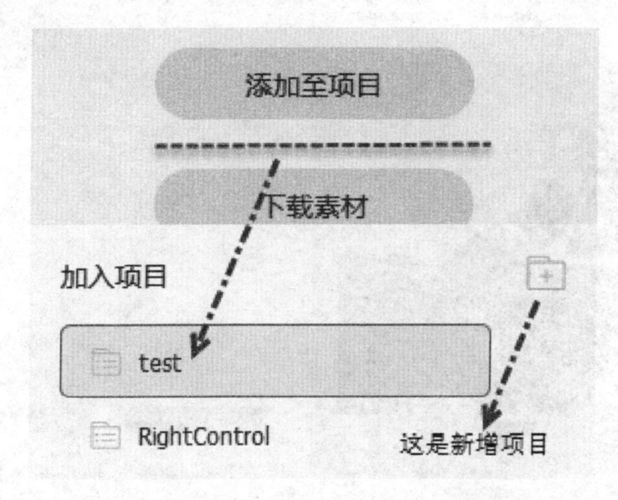

图 1－20　添加项目至已有项目或新增项目中

这里直接添加到现有项目 test 中，如图 1－21 所示。

图 1－21　添加项目至 test

图 1－22　修改图标大小按钮

将图标添加到项目中后，后续可能还要对图标进行微调，以保证它们的初始大小一致，图 1－21 中第二个维修图标按钮比其他图标明显要小。此处可以进行如下操作对其进行调整，如图 1－22 所示。

将鼠标移到需要修改的这个图标上，单击“编辑图标”按钮，会看到如图 1－23 所示的面板，这里要将其放大以填充整个正方形容器。

网格表示一整个横排所有的单元格子数量，越往右调，格子数越多。颜色一般不修改，因为后续可以直接通过 css 样式设置颜色。Font Class/Symbol 是 css 样式的 class 名称。

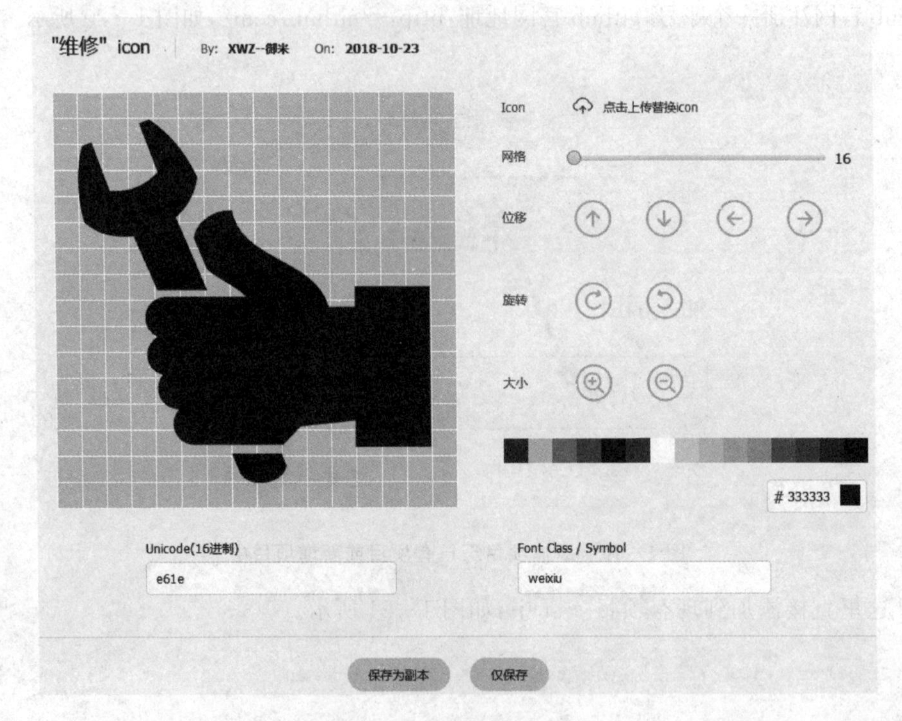

图 1－23　“编辑图标”面板

修改完成后，直接单击“仅保存”按钮，如图 1－24 所示，新图标将覆盖原有的图标。

接下来看下如何使用这些矢量图标。当选择好项目中可能会用到的图标后，先将其下载到本地。如果想直接使用它的在线链接地址，也可以单击“查看在线链接”，它会自动生成在线引用的地址，到时直接在项目中引用即可。

注意：由于本项目使用了离线办公功能，因此必须下载到本地，然后添加引用，如

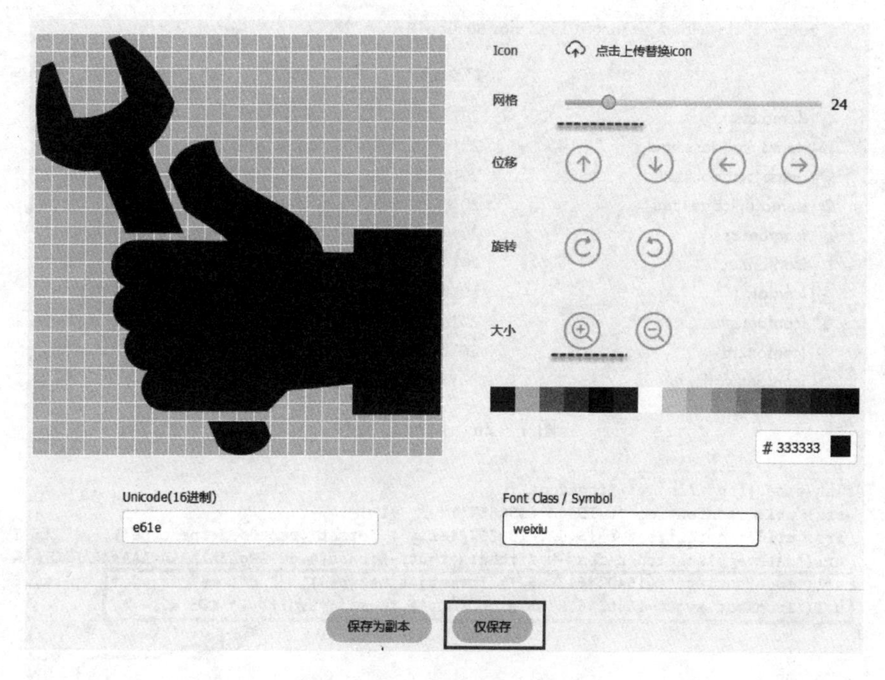

图 1-24　单击"仅保存"按钮

图 1-25 所示。

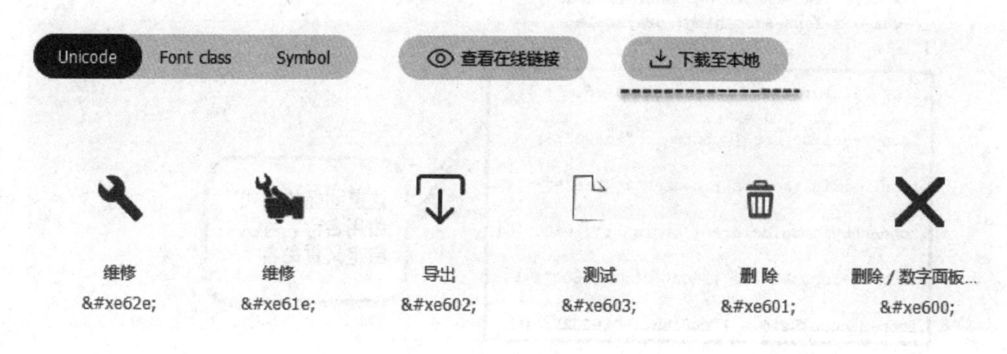

图 1-25　下载至本地

将其下载至本地后，它默认是一个 download. zip 压缩文件，将其解压，解压后如图 1-26 所示。

我这里其实只用到这几个文件：iconfont. ttf、iconfont. css 和 iconfont. svg。因为做移动端应用，所以 iconfont. woff、iconfont. eot 等可以不引用进来。重点看下 iconfont. css 这个文件的代码，如图 1-27 所示。

将文件引用到项目中，如图 1-28 所示。

修改 iconfont. css 时，一定要注意修改 iconfont. ttf、iconfont. svg 的引用路径，保证其正确性。

› zouqj › download › font_701392_mow86nubp18

名称	修改日期	类型	大小
demo.css	2018/10/23 14:29	层叠样式表文档	7 KB
demo_fontclass.html	2018/10/23 14:29	HTML 文档	4 KB
demo_symbol.html	2018/10/23 14:29	HTML 文档	5 KB
demo_unicode.html	2018/10/23 14:29	HTML 文档	5 KB
iconfont.css	2018/10/23 14:29	层叠样式表文档	4 KB
iconfont.eot	2018/10/23 14:29	EOT 文件	3 KB
iconfont.js	2018/10/23 14:29	JavaScript 文件	9 KB
iconfont.svg	2018/10/23 14:29	Chrome HTML D...	8 KB
iconfont.ttf	2018/10/23 14:29	TrueType 字体文件	3 KB
iconfont.woff	2018/10/23 14:29	WOFF 文件	2 KB

图 1-26　解压后文件

```
@font-face {font-family: "iconfont";
  src: url('iconfont.eot?t=1540276158657'); /* IE9*/
  src: url('iconfont.eot?t=1540276158657#iefix') format('embedded-opentype'), /* IE6-I
  url('data:application/x-font-woff;charset=utf-8;base64,d09GRgABAAAAAAdAAAsAAAAAClAAA
  url('iconfont.ttf?t=1540276158657') format('truetype'), /* chrome, firefox, opera, S
  url('iconfont.svg?t=1540276158657#iconfont') format('svg'); /* iOS 4.1- */
}

.iconfont {
  font-family:"iconfont" !important;
  font-size:16px;
  font-style:normal;
  -webkit-font-smoothing: antialiased;
  -moz-osx-font-smoothing: grayscale;
}

.icon-weixiu:before { content: "\e61e"; }

.icon-ceshi:before { content: "\e603"; }

.icon-weixiu1:before { content: "\e62e"; }

.icon-chuyidong:before { content: "\e600"; }

.icon-shanchu:before { content: "\e601"; }

.icon-daochu:before { content: "\e602"; }
```

保留这一块

这是图标的样式引用名称，可以自定义重命名

图 1-27　iconfont.css 文件代码

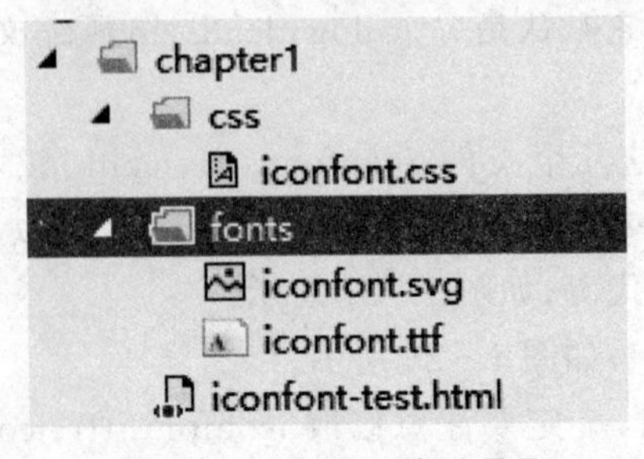

图 1-28　引用文件到项目

修改后的 iconfont. css 代码如下：

```
@font - face {font - family:"iconfont";
  src:url('../fonts/iconfont.ttf? t = 1540276158657') format('truetype'),/ * chrome,
firefox,opera,Safari,Android,iOS 4.2 + * /
  url('../fonts/iconfont.svg? t = 1540276158657#iconfont') format('svg'); / * iOS 4.
1-  * /
}
......
```

iconfont-test. html 页面代码如下：

```
<! DOCTYPE html>
<html>
<head>
    <meta name = "viewport" content = "width = device - width, initial - scale = 1, mini-
mum - scale = 1, maximum - scale = 1, user - scalable = no" />
    <title> </title>
    <meta charset = "utf - 8" />
    <link href = "css/iconfont.css" rel = "stylesheet" />
    <style type = "text/css">
        .spn - icon{font - size:44px;color:red;}
    </style>
</head>
<body>
    <div> <span class = "iconfont icon - weixiu spn - icon"> </span> </div>
</body>
</html>
```

运行效果如图 1 - 29 所示。

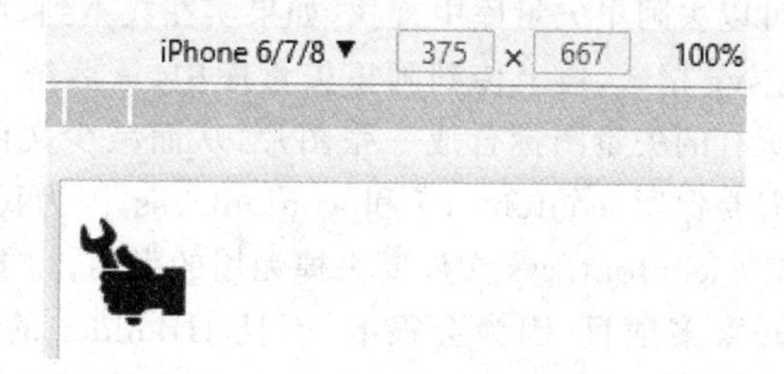

图 1 - 29　运行效果图

1.6　开发前注意事项

MUI 有坑，H5＋有坑，Vue 有坑，当他们汇聚在一起时，就是各种坑的叠加，不过遇到问题不用怕，程序员就是来解决问题的。

HBuilder 经常在频繁地更新、打补丁，一旦有更新，在打开 HBuilder 时，它会自动提示，然而更新有风险，升级需谨慎，升级之前先看下更新日志，看它修复了什么，新增了什么？然后观望一周再更新，这样比较保险。

MUI 目前已经停止更新了，官方重新开发了它的下一代框架 uni-App，uni-App 是一个使用 Vue.js 开发跨平台应用的前端框架，它其实就是结合了 Vue 的模块化开发方式，并且参考了微信小程序的一些语法而最终实现的一套代码，同时发布到 iOS、Android、微信小程序。

短期内，它不会替代 MUI，因为它今年才发布第一个版本，所以许多功能还不完善，只能实现一些较为简单的封装，不过我相信未来一定会越来越强大。

注意事项：

- 忘记所有 click 的事件，通通采用 tap 事件代替，因为 click 会存在 300 ms 的延时。
- 不到万不得已，不要使用 jquery，直接写原生 js，因为 jquery 为了兼容各个版本的浏览器，写了许多的代码，而在手机上面的浏览器都是采用 Webkit 内核，根本不需要考虑浏览器之间的兼容性问题，而且它能够很好的兼容 css3 特性，所以原生 js 的性能非常高。同时，也不需要担心写 js 代码会很麻烦，HBuilder 强大的智能提示和快捷键以及代码自动生成的能力会让你写 js 代码的速度如飞。
- 能用 Vue.js 就不要用 angular，同 Vue.js 比起来，angular 实在太重，而且语法相对来说也没那么优雅，学习曲线也没那么平缓，做 App 对性能的要求是非常苛刻的。
- 尽量不要使用位图，而是采用矢量图，因为矢量图渲染速度快，而且在不同的分辨率下不失真。
- 矢量图图标可以去阿里矢量库中查找，如果实在找不到，可以自己用 AI 做图标，然后生成 svg 格式，再上传到阿里矢量库中，最后统一打包下载下来，这样的话会把所有的矢量图标合成一张图片，从而减少文件数。还有，下载下来的文件只需要保留 iconfont.ttf 和 iconfont.css，因为我们只需要在移动端使用，记得修改 iconfont.css 文件要去掉无用的引用，力求精简、极致。
- 不要同时打开太多项目，因为会很卡，而且 HBuilder 的错误智能感知比较弱，代码格式化也不够优雅，这些缺陷可以同时使用 VS 来解决(作为一名 .net 粉，强烈推荐 IDE)，即同时用 HBuilder 和 VS 打开项目，用 HBuilder 写代码，VS 进行格式化代码和语法查错，但是在切换 IDE 之前要记得保存代码，否则可能会造成代码覆盖，切记！同时一定要保证两款 IDE 的编码格式一致，否则可能会出现中文乱码的问题。
- 能采用真机调试就不要用模拟器，原因还是快速！高效！

1.7 相关学习资料的网址

MUI 文档:http://dev.dcloud.net.cn/mui/ui/;

MUI 问答社区:http://ask.dcloud.net.cn;

HTML5+ API 文档:http://www.html5plus.org/doc/zh_cn/android.html;

HTML5+ API 缓存:http://www.dcloud.io/docs/api/zh_cn/cache.html;

h.js:http://www.hcoder.net/h;

Vue.js:https://cn.vuejs.org/;

Dcloud:http://www.dcloud.io/;

阿里巴巴矢量图标库:http://www.iconfont.cn。

第 2 章

项目介绍及框架搭建

有了上一章的知识储备，这一章将正式开始实战项目。

2.1 项目介绍

为了让大家能够学以致用，我将生活和工作当中的需求场景以一个示例项目的方式展示给大家。而在真实工作中，项目需求一般包罗万象、千变万化，本书不可能把所有的场景都包含到项目中去，只能选择性地以一条需求主线来演示通过 H5 技术如何快速开发 App 应用。

通过介绍一些项目当中常用的开发技术，让读者今后可以适应各个类型的项目开发，因为技术是通用的，而需求永远是不确定的，我们应该将自己所学的东西活学活用。

项目之为物，可比如意金箍棒，能大能小、能长能短；大则包罗万象，小则沧海一粟；长则历经数十寒载，短则眨眼一天数小时。

2.1.1 项目背景

随着互联网的发展，无纸化办公已经逐渐成为一种新的工作方式，逐渐取代原来传统的工作模式。一些客户诉求（这里的客户我假设是小区业主），例如当遇到需求维修的问题时，能否不再通过打电话给物业，然后物业再安排维修人员过来维修这样的方式来维修？因为物业相关工作人员总有不在的时候，拨电话过去也是忙线状态，而且客户无法实时跟踪这个维修问题的详细信息，比如说维修人员的联系方式。为了解决客户的这些痛点，本项目应运而生。

2.1.2 项目需求

当客户发现了故障后，可以使用 App 提交维修工单，而维修人员通过 App 可以看到客户提交的维修工单，维修人员可以进行接单操作，如果维修人员没有接单，班组长或者项目经理等管理人员可以对维修人员进行派单。维修人员接单后，到现场时先进行签到操作；维修完成后，再在 App 上提交完工工单，完工工单需要现场拍照或者从相册中选择图片；当维修人员提交工单后，整个工单就结束了。

此外,考虑到一些维修现场网络信号不好,本项目还支持维修人员离线办公。基本流程:维修人员在 Wi-Fi 等网络环境下打开 App,先把需要处理的工单下载到本地,然后到现场后就可以在无网环境进行签到和完工等操作。当处理完工单回到有网环境时,再通过 App 单击一键上传工单,即可批量将离线处理的工单进行上传。这样一来不但可以节省维修人员的网络流量费用,也方便在无网环境下办公。

2.1.3 项目角色及界面

本项目一共有四个角色,分别是:报修人员、维修人员、班组长和项目经理。报修人员可以理解为小区业主,维修人员是指各个小区的维修工,班组长是一个区域内的维修班组长,项目经理是一个区域内维修的负责人。四个角色都可以进行报修操作,维修人员只能抢单,项目经理只能派单,班组长既能派单又能抢单,同时班组长可以派工给自己。

说明:这里的区域,小的范围可以是一个住宅小区,大的范围可以是一个城市的区域,比如长沙雨花区。

特别说明:已过期的工单不能进行任何操作,未设置限定时间的工单永不过期。

已过期:工单限定时间 < 当前时间。

在讲解各个项目角色之前,我先来介绍一下两个子流程,它们分别是接单流程和自处理流程。

接单流程:指维修人员或者维修班组长从抢单到完工所有步骤的操作流程。工单状态流转如图 2-1 所示。

自处理流程:当维修人员或者维修班组长抢到工单或者被分配工单之后,对工单的后续操作步骤流程。工单状态流转如图 2-2 所示。

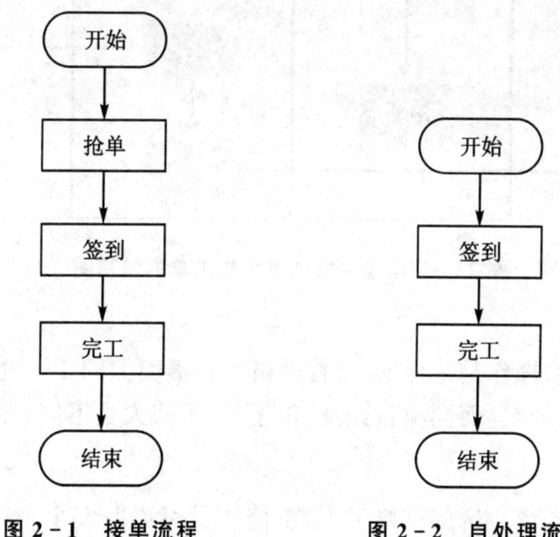

图 2-1 接单流程　　图 2-2 自处理流程

接下来，我将会按照角色，依次讲解各个角色所对应的操作流程图以及其操作界面。

1. 报修人员

报修人员就是广大用户，这里指小区业主。报修人员拥有的操作权限如下：

报修：通过 App 直接提交报修工单；

撤单：对于自己报修的工单，如果接单的维修人员还没有去现场签到，可以进行撤单操作。

1）流程图

工单由报修人员生成时，流程图如图 2－3 所示。

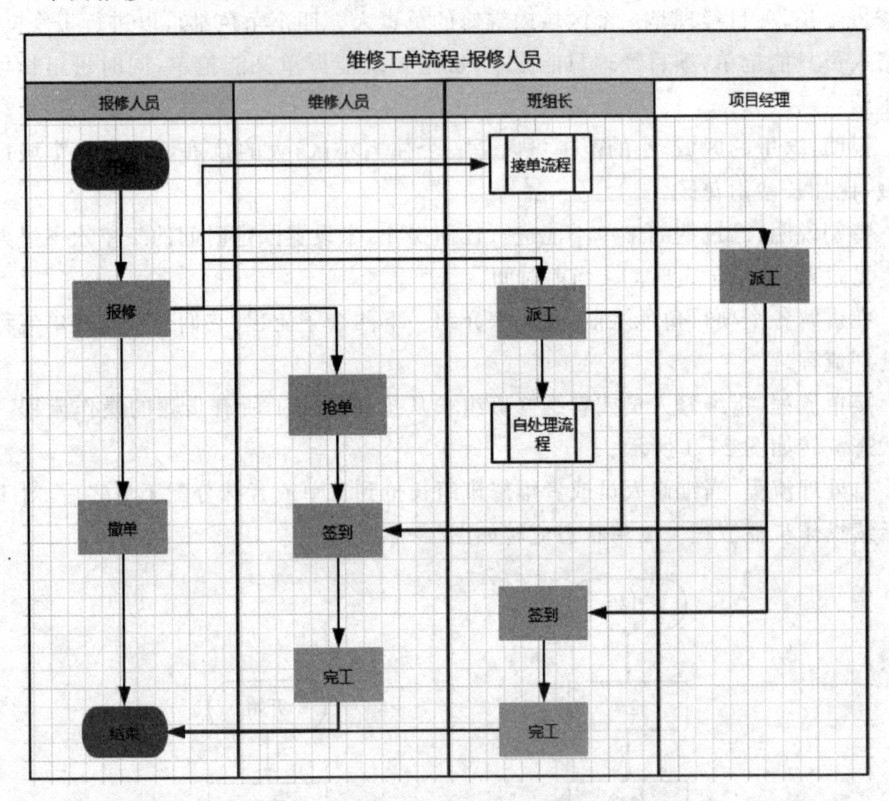

图 2－3　报修人员操作生成工单的流程图

2）界面预览

所有角色的报修操作是一样的，报修人员操作界面如图 2－4 所示。

报修人员的“我的”界面同项目经理、班组长、维修人员不同，如图 2－5 所示。

2. 维修人员

维修人员就是各个小区的维修工人，维修人员可以跨多个小区进行维修。维修人员拥有的操作权限如下：

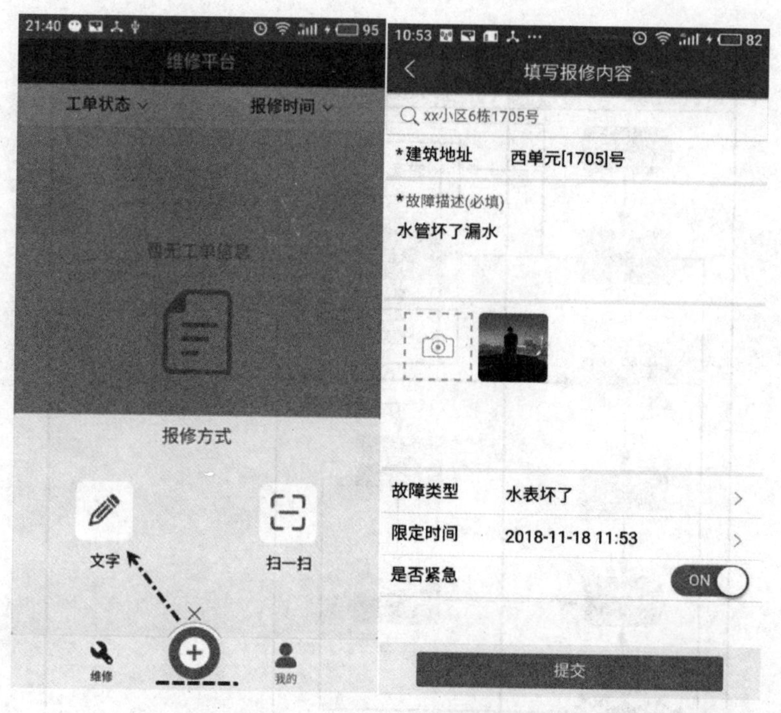

图 2-4 报修人员操作界面

报修:通过 App 直接提交报修工单;

撤单:对于自己报修的工单,如果接单的维修人员还没有去现场签到,可以进行撤单操作;

抢单:维修人员可以进行抢单操作,但对于自己报修的工单,只能查看,不能抢单;

签到:接单之后去维修现场拍照签到;

完工:维修完成之后,提交完工单;

退单:接单人员,在待签到状态下可以进行退单操作,退单后将把工单重置为待抢单状态。

1) 流程图

工单由维修人员生成时,流程图如图 2-6 所示。

2) 界面预览

维修人员、班组长和项目经理的“我的”页面是一样的。维修人员操作界面如图 2-7 所示。

图 2-5 报修人员“我的”界面

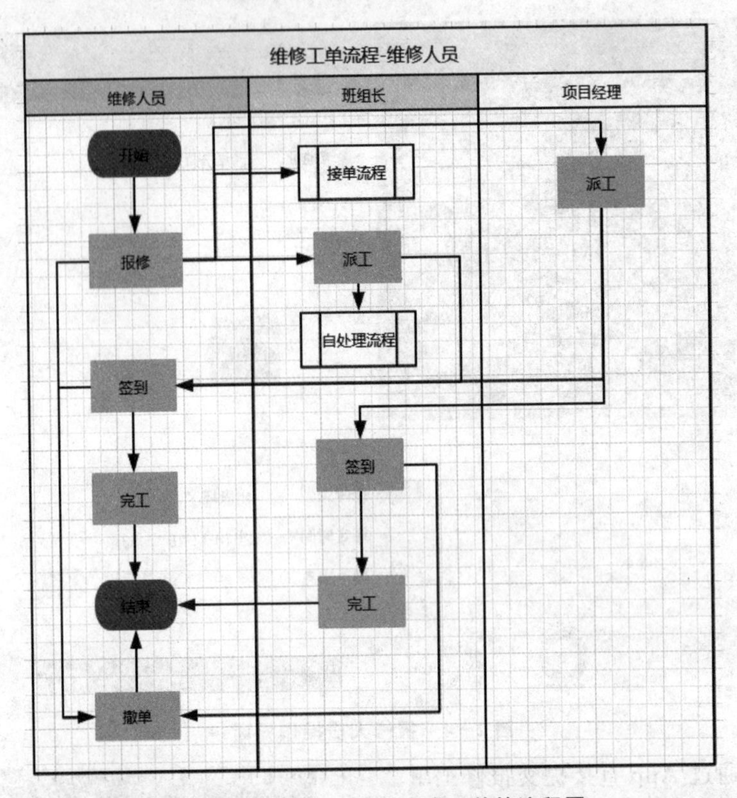

图 2－6　维修人员操作生成工单的流程图

图 2－7　维修人员“我的”界面

3. 项目经理

项目经理是一个区域内整个维修的负责人。项目经理拥有的操作权限如下：

报修：通过 App 直接提交报修工单；

撤单：对于自己报修的工单，如果接单的维修人员还没有去现场签到，可以进行撤单操作；

派工：项目经理可以派单给指定的维修人员；

转单：项目经理特有的操作，当工单状态为待签到或者待完工状态时，可进行转单操作，将工单转派给其他人。

1）流程图

工单由项目经理生成时，流程图如图 2-8 所示。

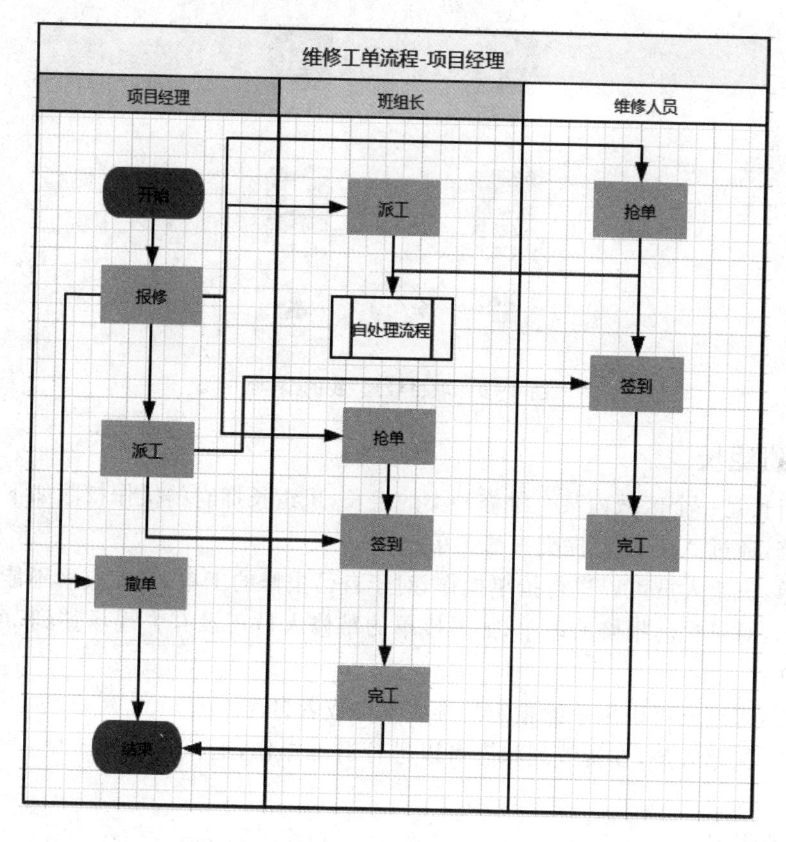

图 2-8　项目经理操作生成工单的流程图

2）界面预览

项目经理和班组长的界面显示几乎一模一样，唯一的差别是，项目经理不能进行接单、签到、完工等操作，如图 2-9 所示。

图 2-9　项目经理“我的”界面

4. 班组长

班组长是一个区域内某个维修种类的组长，班组长拥有的操作权限如下：

报修：通过 App 直接提交报修工单；

抢单：班组人员可以进行抢单操作，对于自己报修的工单，只能查看不能抢单；

撤单：对于自己报修的工单，如果接单的维修人员还没有去现场签到，可以进行撤单操作；

派工：班组长可以派单给指定的维修人员或者自己；

退单：接单人员，在待签到状态可以进行退单操作，退单将会把工单重置为待抢单状态。

1）流程图

工单由班组长生成时，流程图如图 2-10 所示。

2）界面预览

班组长的界面如图 2-11 所示。

所有角色的工单详情界面，显示效果一样，如图 2-12 所示。

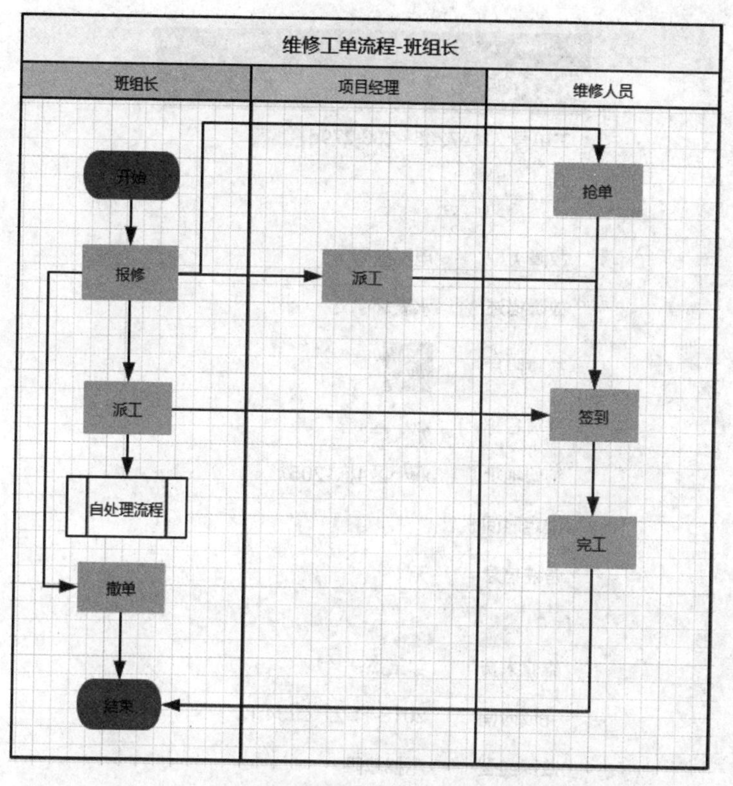

图 2-10 班组长操作生成工单的流程图

图 2-11 班组长“我的”界面

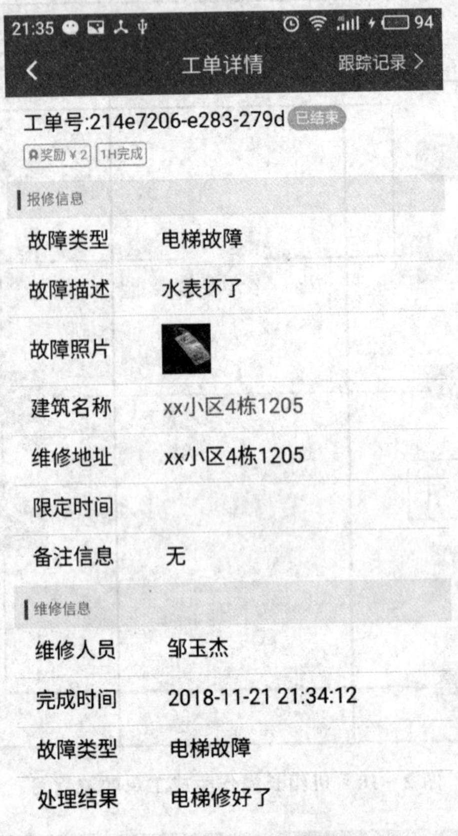

图 2-12　工单详情界面

2.1.4　工单状态

维修工单由产生到结束的过程中，会出现如下几种状态：

待抢单：枚举值 A，工单生成时的初始状态；

待签到：枚举值 B，维修人员已抢单，或者班组长和项目经理已派单给指定运维人员时的状态；

待完工：枚举值 C，已签到之后的工单状态；

已结束：枚举值 E，完工之后的工单状态；

已撤单：枚举值 F，已经撤销的工单状态，只有待签到和待抢单状态的工单才可以撤销。

维修工单状态图如图 2-13 所示。

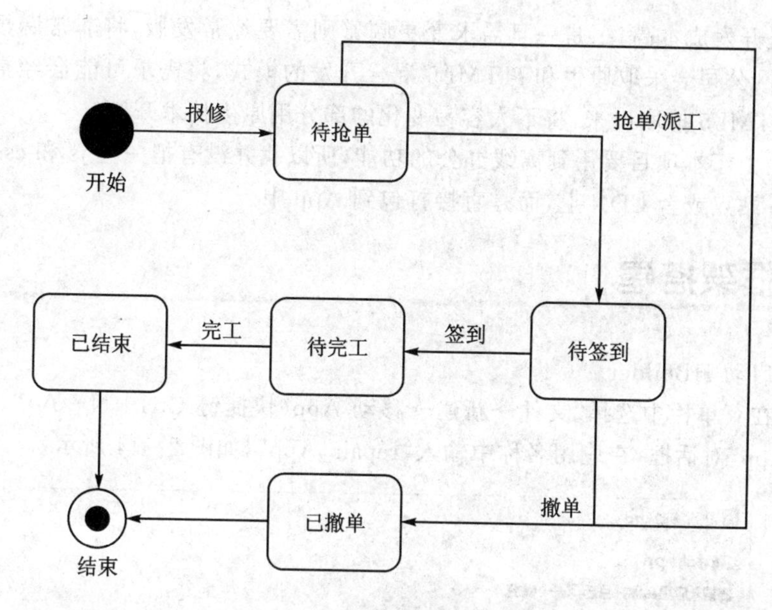

图 2－13　维修工单状态图

2.2　技术选型

项目的技术选型：MUI、Vue. js、H5＋、HTML5、Echarts 和阿里巴巴矢量图。

1）为什么不用 jquery

因为根本用不着，已知 jquery 是对 js 的再次封装，而其为了兼容各个版本的浏览器，增加了许多代码，这样对性能是有影响的。而对 App 而言，基本上都是 Webkit 内核，根本不需要考虑许多 PC 端浏览器之间的兼容性问题，所以请忘掉 jquery。

2）为什么用 Vue. js

Vue. js 是一款 mvvm 框架，也是目前流行的三大 mvvm 前端框架之一（另外两种是 react 和 angular），在做技术选型之前，我先对这三种框架做了一个简单的研究，还是 Vue. js 的语法更加优雅、更加轻量级，上手更快，就像我喜欢 C＃语言一样。

3）为什么用 MUI

因为 MUI 上手简单，尤其是云端部署功能，比较方便，不用为配置 Android 环境和 iOS 环境而烦恼。

4）为什么是 HTML5 而不是原生开发

当然是为了开发效率和节约开发成本。如果采用原生开发，公司至少要招聘两个程序员，一个 iOS，一个 Android，每当修改一个需求或者新增一个功能时，两个版本的代码都需要修改。原生开发的优势体现在性能和一些复杂功能的实现上，但其

缺陷：一是开发成本高；二是一旦需求变更频繁则需要经常发版，将非常麻烦。因此一些互联网公司会采取原生和 HTML5 混合开发的模式，将需求可能会经常变更的东西用 HTML5 抽取出来，将不太容易变化的部分用原生技术开发。

说明：由于本项目要用到离线办公的功能，所以我并没有把一些 js 和 css 直接部署到 Web 站点或者 CDN 上，而是直接打包到 App 中。

2.3 框架搭建

(1) 启动 HBuilder。

(2) 在菜单栏中选择“文件→新建→移动 App(快捷键 Ctrl＋N＋A)”，打开“创建移动 App”对话框，在应用名称中输入“repair_App”，如图 2-14 所示。

图 2-14 “创建移动 App”对话框

注意：新建移动 App 需要联网分配一个 Appid，在真机联调、打包发行时都需要这个 ID，所以不联网无法创建移动 App。

(3) 创建完成后，会在项目管理器中显示新建的“repair_App”项目，如图 2-15 所示。

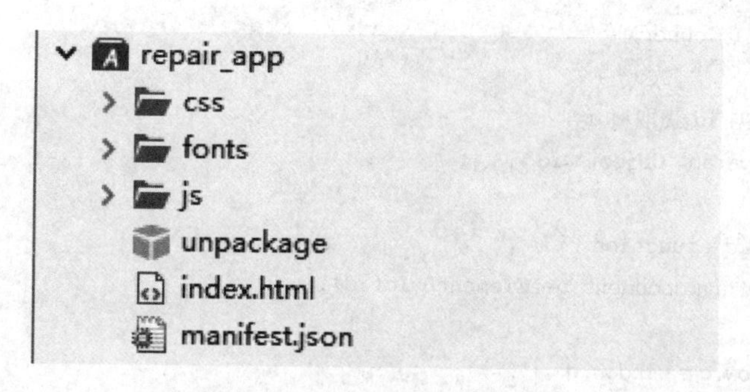

图 2-15　repair_App 项目

(4) 新建一个登录页面 login. html:文件→新建→HTML 文件,如图 2-16 所示。

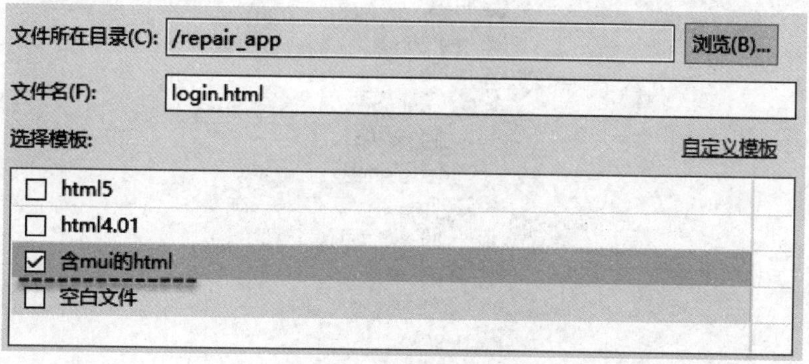

文件所在目录(C): /repair_app　浏览(B)...
文件名(F): login.html
选择模板:　自定义模板
html5
html4.01
含mui的html
空白文件

图 2-16　新建登录页面

(5) 右击选中项目,在弹出的级联菜单中选择"新建→目录",目录名为 img,用于存放图片,新建目录 pages 用于存放 HTML 页面。在项目根目录下面新建一个文件 README. md,用于描述项目信息。(右击项目 repair_App,新建→MarkDown 文件,修改文件名为 README。)

同时也可以新建一个文本文件 version. txt,用于记录每次版本的变更历史。在 js 目录中,再新建一个子目录 libs,用于存放第三方的一些 js 库;将 vue. min. js 复制到 libs 库中。在 js 目录中,再创建一个子目录 common,用于存放一些公共的 js 文件。common 目录下新建一个 js,config. js 文件,用于存放项目配置信息;再新建一个 global. js 文件,用于封装一些公共的 js 方法。例如,在 global. js 封装一个 id()方法,代码如下:

```
/**
 * 全局函数
 * @param {Object} $ : mui
 * @param {Object} owner:g
 */
```

```
(function ( $ ,owner) {
    /* *
     * 根据 id 获取 dom
     * @param {Object} id
     * /
    owner.id = function (id) {
        return document.getElementById(id);
    }
}(mui,window.g = window.g || {}));
```

最终,项目的基本框架结构如图 2-17 所示。

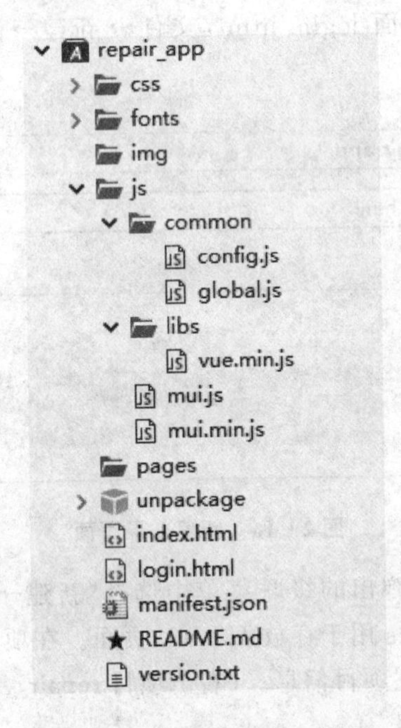

图 2-17　项目基本框架结构图

(6) 配置项目步骤:

① 应用信息

双击 manifest.json,依次对各个选项卡进行配置,如图 2-18 所示。

② 图标配置

为了方便,此处直接从千库网(http://588ku.com/)随意找了一个图标;为了能够让其自动生成各个尺寸的图标,此处下载了一个大图标,然后用 PS 处理一下大小,将其大小修改为 1 024×1 024 像素,图标格式为 png 格式。在公司的话,通常会有专门的 UI 设计师设计好各个尺寸的图标,如图 2-19 所示。

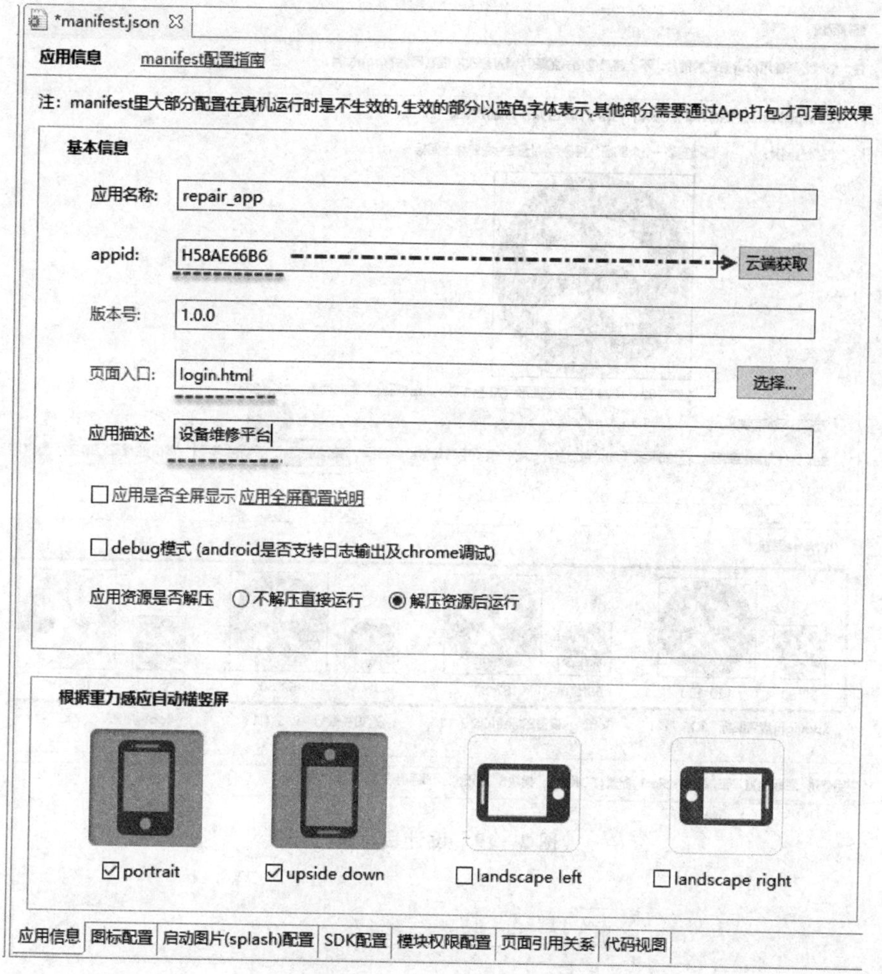

*manifest.json

应用信息　manifest配置指南

注：manifest里大部分配置在真机运行时是不生效的，生效的部分以蓝色字体表示，其他部分需要通过App打包才可看到效果

基本信息

应用名称：repair_app

appid：H58AE66B6　云端获取

版本号：1.0.0

页面入口：login.html　选择...

应用描述：设备维修平台

☐应用是否全屏显示 应用全屏配置说明

☐debug模式 (android是否支持日志输出及chrome调试)

应用资源是否解压　○不解压直接运行　◉解压资源后运行

根据重力感应自动横竖屏

☑portrait　☑upside down　☐landscape left　☐landscape right

应用信息 | 图标配置 | 启动图片(splash)配置 | SDK配置 | 模块权限配置 | 页面引用关系 | 代码视图

图 2－18　应用信息界面图

自动生成的图标，最终将保存在如图 2－20 所示的项目位置中。

③ 启动图片(splash)配置

启动图就是当 App 每次启动的时候，一闪而过的那个图片，这里直接使用系统自带的图片。如果在公司的话，通常 UI 设计师会提供各个尺寸的启动图片，只要直接修改替换就可以了，如图 2－21 所示：

④ SDK 配置

SDK 配置主要是对一些第三方引用的 SDK 进行配置，诸如百度地图、高德地图、第三方登录授权、第三方支付、消息推送、分享和统计等。

⑤ 模块权限配置

如果 App 中需要使用一些比较特别的权限，那么需要对模块权限进行配置，否

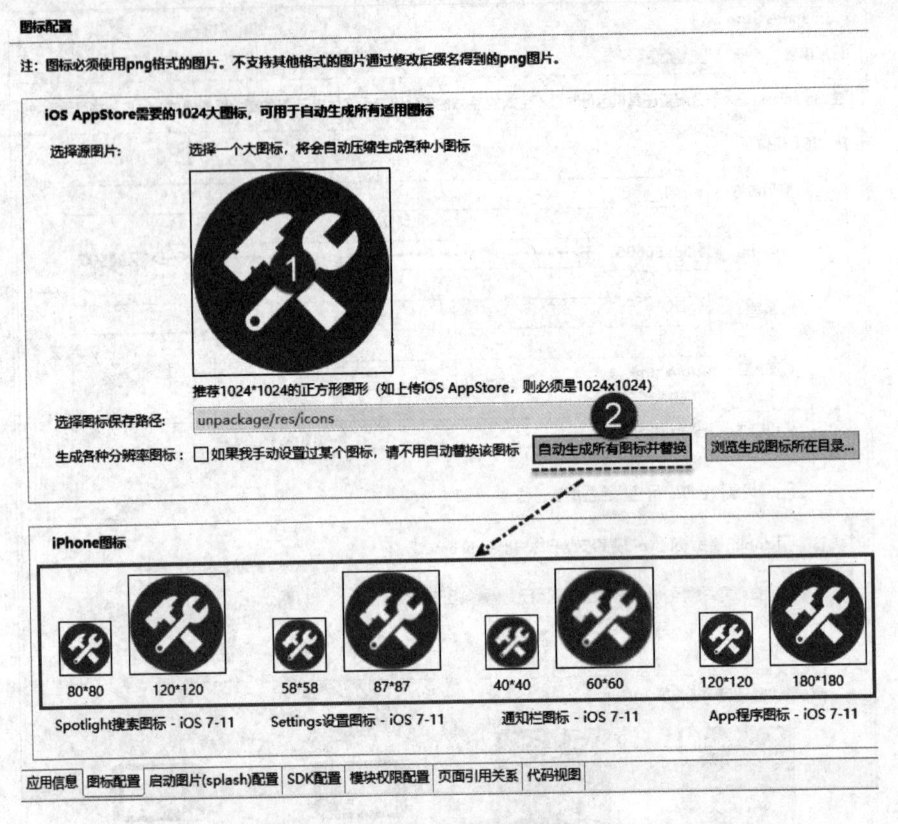

图 2－19　设计目标尺寸

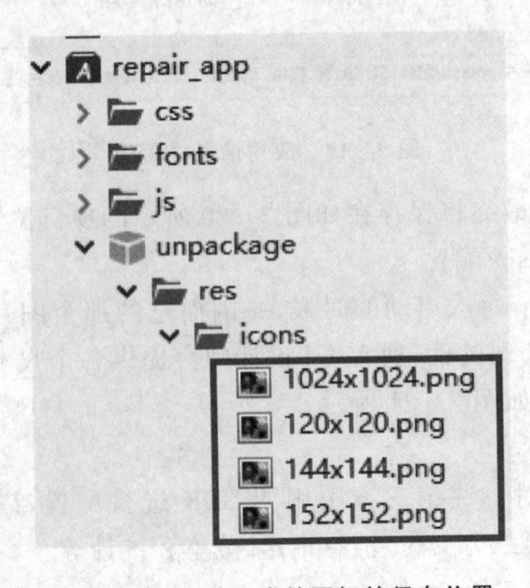

图 2－20　自动生成的图标的保存位置

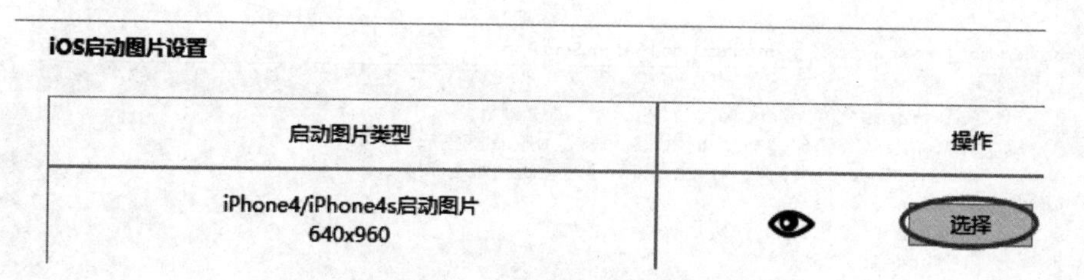

图 2-21　启动图片设置

则某些功能将无法使用。同时,可以去掉一些用不到的权限模块,从而减少安装包的体积,如图 2-22 所示。

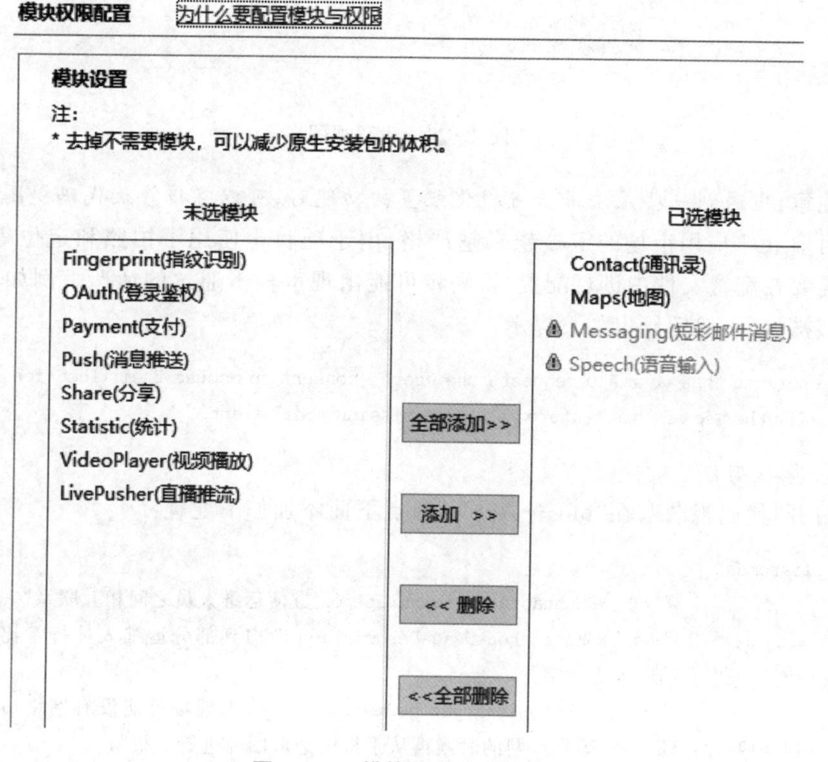

图 2-22　模块权限配置界面

⑥ 页面应用关系

其实就是查看页面的层级目录结构,如图 2-23 所示。

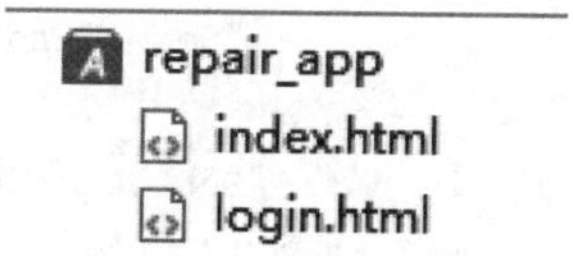

repair_app
index.html
login.html

图 2-23　层级目录结构

⑦ 代码视图

前面所有可视化的配置最终生成的配置文件,就是代码视图中所见到的,如图 2-24 所示。

```
*manifest.json | repair_app ⊠ | manifest.json | Secom.Smp.App
1 {
2     "@platforms": ["android", "iPhone", "iPad"],
3     "id": "H58AE66B6",/*应用的标识，创建应用时自动生成，勿手动修改*/
4     "name": "repair_app",/*应用名称，程序桌面图标名称*/
5     "version": {
6         "name": "1.0.0",/*应用版本名称*/
7         "code": "83"
8     },
9     "description": "设备维修平台",/*应用描述信息*/
10    "icons": {
11        "72": "icon.png"
12    },
13    "launch_path": "login.html",/*应用的入口页面，默认为根目录下的index.html；支持网络地址，必须
14    "developer": {
15        "name": "",/*开发者名称*/
16        "email": "",/*开发者邮箱地址*/
17        "url": "http://www.dcloud.io"
18    },
```

图 2-24 代码视图

注意：当遇到一些无法进行可视化配置的功能时，可以直接修改代码视图。

目前 iOS 应用市场的审核越来越严格，由于项目中使用了拍照和定位等功能，所以需要在配置文件中进行配置，否则将可能出现审核不通过的情况。例如 iOS 提交审核被打回，然后给出如下提示：

We noticed that your App requests the user's consent to access their location but does not clarify the use of this feature in the permission modal alert.

⑧ 解决办法：

打开"代码视图"，在"plus→Apple"节点下面添加如下配置：

```
"plistcmds":[
        "Set :NSContactsUsageDescription 方便运维人员之间相互联系",
        "Set :NSMicrophoneUsageDescription 考虑到部分运维人员打字比较困难，所以支持语音识别自动转换为文字",
        "Set :NSPhotoLibraryUsageDescription 施工现场可能没有网络，运维人员可以先拍照把照片存到本地，等到有网的时候再从手机中选取图片进行上报",
        "Set :NSCameraUsageDescription 运维人员去故障现场完工后要进行拍照留证据",
        "Set :NSPhotoLibraryAddUsageDescription 说明向用户相册添加图片的原因",
        "Set :NSLocationAlwaysUsageDescription 获取用户地理位置是为了方便对运维人员进行就近派工",
        "Set :NSLocationWhenInUseUsageDescription 使用用户地理位置是为了上班打卡定位",
        "Set :NSLocationAlwaysAndWhenInUsageDescription 使用用户地理位置是为
```

```
了上班打卡定位",
                "Set：NSLocationAlwaysAndWhenInUseUsageDescription 使用用户地理位置是为了上班打卡定位"
        ]
```

2.4 Mock 数据

App 项目通常都是通过 API 接口来实现数据展示和操作的。但是在前端 App 开发的过程中往往需要数据测试，但后端却迟迟无法提供，这时 mock.js 便可以很好地解决问题。有了它，前端可以事先模拟数据，前提是和后端约定好数据接口。使用 mock 就可以生成需要的数据了，从而实现开发时前后端分离。在本项目中，不会提供真实的 API 接口，所有的 API 操作都将通过 mock.js 来模拟。

mockjs 的主要功能：

- 基于数据模板生成模拟数据。
- 基于 HTML 模板生成模拟数据。
- 拦截并模拟 ajax 请求。

首先，下载 mock.js 文件，然后将其添加到 js/libs 目录下。可下载地址如下：

github：https://github.com/nuysoft/Mock；

官方网站：http://mockjs.com/；

开发手册与使用指南：https://github.com/nuysoft/Mock/wiki/Getting-Started。

Mock 重要知识点：

Mock.mock()

Mock.mock(rurl?,rtype?,template|function(options))

这里的参数都是可选的：

- rurl(可选)

  表示需要拦截的 URL，可以是 URL 字符串或 URL 正则。例如 //domain/list.json/、'/domian/list.json'。

- rtype(可选)

  表示需要拦截的 Ajax 请求类型。例如 GET、POST、PUT、DELETE 等。

- template(可选)

  表示数据模板，可以是对象或字符串。例如 { 'data|1-10':[{}] }、'@EMAIL'。

- function(options)(可选)

  表示用于生成响应数据的函数。

- options：指向本次请求的 Ajax 选项集。

从网站下载 mock.js，将其引入到项目中。需要说明的是，书中仅仅对部分接口进行数据模拟，还有一部分是直接在 Mock 中对 SQLite 数据库进行操作，这样做的目的是将部分数据持久化，从而方便项目的演示。对 SQLite 的操作是异步的，而 Mock 返回的数据必须是同步的，因此我在界面中糅合了一部分异步读取 SQLite 数据的代码，而添加、更新和删除这些异步操作可以直接放到 Mock 中，不影响最终的结果。

因为通常是在开发环境下使用 Mock 数据的，所以在 config.js 配置文件中，添加了一个配置项 owner.isMock=true;，用于控制是否启用 mock。config.js 代码如下：

```
(function (owner) {
    owner.isPublish = true;                          //是否发布到正式环境
    var apiDomain = '';                              //API 域名地址
    if (owner.isPublish == true) {                   //生产
        apiDomain = 'http://www.repair.com';         //API 域名
        owner.OpenLog = false;                       //是否开启日志，控制台日志开关
    } else {                                         //测试
        apiDomain = 'http://www.repairtest.com';     //API 域名
        owner.isMock = true;                         //是否是 mock 数据
        owner.OpenLog = false;                       //是否开启日志，控制台日志开关
    }
    /*维修*/
    owner.GetFaultType = apiDomain + '/api/Repair/GetFaultType'; //故障类型表
}(window.config = {}));
```

在 js/ common 目录下新建 mockdata.js 文件，用于存放所有 mock 相关的数据信息。mockdata.js 依赖于 config.js，所以在界面中要注意引用顺序，要放置在 config.js 之后引用。

Mock 直接返回的数据，可以直接写成如下代码：

```
if (config.isMock) {
    //获取故障类型 GetFaultType
    Mock.mock(config.GetFaultType, {
        "StatusCode":200,
        "Message":null,
        "Data":[{
            "CODE":"GZDT01",
            "EQT_ID":"4403Z01",
            "NAME":"设备故障",
            "sys_updatetime":"2018-09-19T11:03:55.670795Z",
            "STATE":1,
            "CREATE_USER_ID":"zouqj",
            "MODIFY_TIME":null,
```

```
            "MODIFY_USER_ID":null,
            "CREATE_TIME":"2018-09-19T11:03:55"
        },{
            "CODE":"GZDT02",
            "EQT_ID":"4403Z01",
            "NAME":"采集器掉线",
            "sys_updatetime":"2018-09-19T11:04:06.984182Z",
            "STATE":1,
            "CREATE_USER_ID":"zouqj",
            "MODIFY_TIME":null,
            "MODIFY_USER_ID":null,
            "CREATE_TIME":"2018-09-19T11:04:06"
        }]
    });
}
```

如果读者对 Mock.js 不熟悉,可以先学习一下,本书不再详细介绍这一块内容。

第3章

App启动页和引导图

3.1 App启动页

App启动页也称闪屏页，最初是为了缓解用户等待App数据加载的焦虑情绪而出现的，后被设计师巧妙地用于品牌文化展示、服务特色介绍以及功能界面熟悉等平台设计，从而被赋予了更加丰富而实际的作用。

然而，即使是简单的使用图片、文字以及色彩的不同直接展示软件或产品功能文化的启动页，也会给用户带来完全不同的感受和体验。启动页一般只有1张图或动画，停留时间通常控制在3 s以内。

启动页面的几个设计角度：

1）品牌展现

品牌传递类的启动页相对较简单，基本采用“产品名称＋产品标志语”结构，简单、突出主题即可。

2）情感化设计

通过一张短短的启动页去说明一个故事或表达一种情怀，确实不是一件容易的事情。一些优秀的UI设计师通常会从如下几个切入点去设计启动页：

- 结合Logo主题色，直观展示品牌，加深用户印象；
- “Logo＋动效”的设计方式；
- “Logo＋功能轮播”的设计方式；
- 启动页直接展示产品，增加产品曝光率，提升产品销量；
- 结合新年节日主题特色进行启动页设计。

通常启动页都是由公司专门的UI人员负责设计的，开发人员直接将UI设计好的启动页拿过来用就可以了，如果启动页是设计的位图，那么UI人员则必须针对市面上主流的手机屏幕尺寸进行特别的设计。

在Hbuilder中打开manifest.json文件，可以直接可视化配置启动页，由于只需要App在手机端展示，所以只需要配置手机端的启动图片，如图3-1所示，Android手机只需要配置480×762和720×1242的启动图，单击“选择”按钮，可以设置启动图片。

Android启动图片设置

注：Android屏幕类型很多，如果未手动设置其他分辨率，遇到未不包括时，Android系统会自动选取临近分辨率
如果应用非全屏，启动图片高度为屏幕高度减掉状态栏高度。

启动图片类型		操作
高分屏启动图片 480x762		选择
720P高分屏启动图片 720x1242		选择
1080P高分屏启动图片 1080x1882		选择

选择启动

应用信息 图标配置 启动图片(splash)配置 SDK配置 模块权限配置 页面引用关系 代码视图

图 3-1　Android 启动图形设置界面

由于本项目中的 App 只需要适应竖屏，所以在 iOS 中只需要配置如图 3-2 所示的对应的分辨率启动图片。

启动选项

自动关闭启动界面　延时关闭启动界面　延时　毫秒　手动关闭启动界面

启动界面显示等待雪花

iOS启动图片设置

启动图片类型	
iPhone4/iPhone4s启动图片 640x960	
iPhone5/iPhone5s启动图片 640x1136	
iPhone6启动图片 750x1334	
iPhone6 Plus竖屏启动图片 1242x2208	

图 3-2　iOS 启动图片设置界面

同时，还可以配置启动的一些选项，这里配置为自动关闭启动页，并且启动界面的时候显示雪花。需要注意的是，启动图片的分辨率和这上面指定的分辨率一致。也就是说，开发者需要按照这上面的尺寸提供相应的启动图片。本书为了方便，将所有启动图片设置为同一张图片。

进行可视化配置之后，单击“代码视图”选项卡，可以看到最终自动生成如下的配置选项：

```
"splashscreen":{
    "ios":{
        "iphone":{
            "default":"",/*iPhone3 启动图片选，分辨率:320x480*/
            "retina35":"",/*3.5 英寸设备(iPhone4)启动图片，分辨率:640x960*/
            "retina40":"logo/start.png","retina47":"logo/start.png","retina55":"logo/start.png"
        },
        "ipad":{
            "portrait":"",/*iPad 竖屏启动图片，分辨率:768x1004*/
            "portrait-retina":"",/*iPad 高分屏竖屏图片，分辨率:1536x2008*/
            "landscape":"",/*iPad 横屏启动图片，分辨率:1024x748*/
            "landscape-retina":"",/*iPad 高分屏横屏启动图片，分辨率:2048x1496*/
            "portrait7":"",/*iPad iOS7 竖屏启动图片，分辨率:768x1024*/
            "portrait-retina7":"",/*iPad iOS7 高分屏竖屏图片，分辨率:1536x2048*/
            "landscape7":"",/*iPad iOS7 横屏启动图片，分辨率:1024x768*/
            "landscape-retina7":""
        }
    },
    "android":{
        "mdpi":"",/*普通屏启动图片，分辨率:240x282*/
        "ldpi":"",/*大屏启动图片，分辨率:320x442*/
        "hdpi":"logo/start.png",/*高分屏启动图片，分辨率:480x762*/
        "xhdpi":"logo/start.png",/*720P 高分屏启动图片，分辨率:720x1242*/
        "xxhdpi":""
    }
},
```

logo/start.png 就是我们配置的启动图片。

注意:在真机调试的状态下,无法看到启动页,需要在打包安装后的 App 启动时才能看到启动页。

3.2 App 引导图

基本每个 App 都会有启动引导图,所谓 App 启动引导图,就是启动 App 时能够左右滑动的大图,当滑动到最后一页时,再左滑或是单击“立即体验”按钮,才进到首页,通常引导图只在第一次安装并运行 App 时显示,也就是说,显示过一次就不再显示了。

启动引导图一般要求可以左右滑动,有些 App 的引导图右上角有“跳过”字样,单击可直接进到首页,不再展示剩下的引导图了。通常最后一页引导图会有一个进入 App 的按钮,单击按钮即可关闭引导图,直接到首页。另外,引导图下方一般都会有圆点,表示引导图个数,并突出显示当前所在图片的位置。

引导图就是引导用户学习 App 用法或了解 App 作用的图片,其核心在于“引导”二字。一般出现在全新概念的 App 上,或是产品的迭代之后。图片控制在 5 张以内。一个好的 App 引导页面可以最快速地抓住用户的眼球,让用户快速了解 App 的价值和功能。也就是说,好的 UI 可以引导用户更快地进入使用环境。

在 MUI 源码中,mui\examples\hello-mui\examples 目录下的 guide. html,有提供启动引导图示例;可以直接将其复制过来放到项目根目录,然后略加修改即可直接使用。

3.2.1 启动引导图设计思路

MUI 中有两个重要的方法:mui. init()和 mui. plusReady()。

mui. ready():当 DOM 准备就绪时,指定一个函数来执行;

mui. plusReady():当 HTML5+ API 可以使用时,指定一个函数来执行。

思路:当 App 启动时,先从本地存储中读取标记值,用于判断是否是首次启动,如果标记有值,说明已经不是首次启动,反之则是首次启动。如果是首次启动,则关闭启动页面,并且跳转到启动导航页面;否则直接关闭启动界面跳转到首页(第 2 章配置的 login. html 为首页)。

在第 2 章中,本项目已将 login. html 设置为启动页,因为在用户没有登录时,将不会让用户看到登录后的首页长什么样,而且不同角色的用户登录后首页显示是不一样的,所以此处的启动也没有设置为 index. html。引导图的操作流程如图 3 - 3 所示。

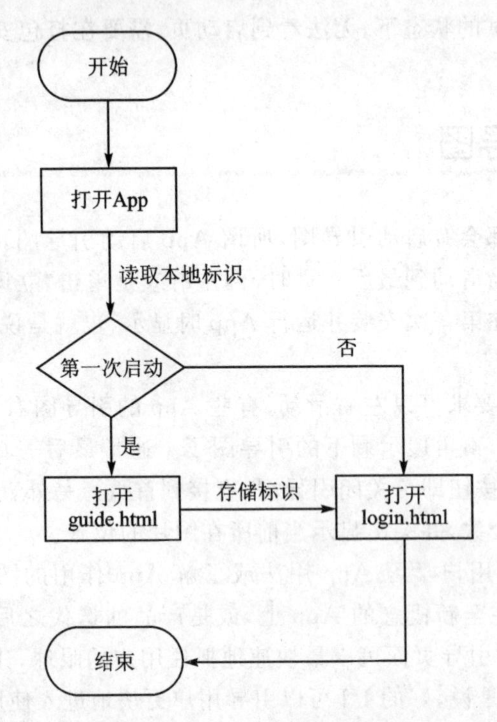

图 3-3 引导图的操作流程图

3.2.2 代码功能实现

在 login. html 页面中，添加对 global. js 的引用，代码如下：

```
<script src = "js/common/global.js"> </script>
```

然后在 login. html 页面中封装如下方法，代码如下：

```
var nwaiting = null;
//引导图函数
function launchScreen() {
    //读取本地存储,检查是否为首次启动
    var showGuide = localStorage.getItem("lauchFlag");
    if(showGuide) { //有值,说明已经显示过了,无需显示
        plus.navigator.closeSplashscreen(); //关闭 splash 页面
        plus.navigator.setFullscreen(false);
    } else {
        localStorage.removeItem('$ loginstate');
        plus.navigator.closeSplashscreen(); //关闭 splash 页面
        //显示启动导航
        mui.openWindow({
            id:'guide',//子页面的 ID
```

```
            url:'guide.html',//子页面
            show:{
                aniShow:'none'
            },
            waiting:{
                autoShow:false
            }
        });
    }
}
```

在本地存储中，lauchFlag为“是否首次启动”的标识。当第一次启动时，本地存储中key为lauchFlag的值不存在，这时将会直接跳转到启动引导页 guide.html；$loginstate作为用户是否为登录状态的标识，考虑到App后面会升级，而每次App升级之后会替换原来的App安装包，此时lauchFlag的值会清空，再启动App会进入App引导页，单击引导页中的“立即体验”按钮会跳转到登录界面，为了让用户在App每次升级之后重新输入账号密码，这里将从本地存储中移除Key为$loginstate的值。

lauchFlag的值是在哪里进行设置的呢？在引导页 guide.html 中的最后一页有一个“立即体验”按钮，给这个按钮添加 tap 事件，代码如下：

```
//立即体验按钮单击事件
document.getElementById("close").addEventListener('tap',function(event) {
    localStorage.setItem("lauchFlag",true);
    plus.navigator.setFullscreen(false);
    plus.webview.currentWebview().close();
    mui.openWindow({
        url:"login.html",
        id:"login",
        extras:{
            mark:"gudie" //同样，这里也只是个标识，实际开发中并不用；
        }
    });
},false);
```

也就是说，当我们单击“立即体验”按钮之后，就表示引导页面已经出现过，此时就在lauchFlag中存入一个值true，因为引导页面是全屏显示状态，那么这时要关闭全屏显示，并且关闭当前的webview，最后跳转到登录页面 login.html。

再次回到 login.html 页面，如果用户已经登录过一次，那么再次打开App时，将直接进入系统后台首页的index.html中，代码如下：

```
//跳转到首页
function toMain() {
    var mainPage = mui.preload({
        "id":'index',
        "url":'index.html'
    });
    mui.fire(mainPage,'show',null);
    if(nwaiting) {
        nwaiting.close();
    }
    mainPage.show("pop-in");
}
mui.plusReady(function () {
    var self = plus.webview.currentWebview();
    if (self.mark == undefined) {
        launchScreen(); //启动引导页
    } else {
        plus.navigator.closeSplashscreen(); //关闭 splash
    }
    //锁定屏幕为竖屏模式,无论设备如何旋转,屏幕都不会切换到横屏模式
    plus.screen.lockOrientation("portrait-primary");
    var loginstate = localStorage.getItem('$loginstate');
    //检查"登录状态"开始
    if (loginstate) {
        toMain();
    }
    //检查"登录状态/锁屏状态"结束
    var loginButton = g.id('login');
    var accountBox = g.id('account');
    var passwordBox = g.id('password');
    if (loginButton) {
        loginButton.addEventListener('tap',function (event) {
            var loginInfo = {
                account:accountBox.value.trim(),
                password:passwordBox.value.trim()
            };
            u.login(loginInfo,function (err) {
                console.log('开始回调')
                mui.toast(err)
```

```
                if (err) {
                    plus.nativeUI.toast(err);
                    return;
                }
                var uuid = plus.device.uuid; //获取设备的唯一标识号
                localStorage.setItem('$uuid',uuid);
                mui.toast('登录成功,正在跳转...')
                toMain();
            });
        });
    }
});
```

跳转到首页,这里用到了页面预加载。所谓的预加载技术就是在用户尚未触发页面跳转时,提前创建目标页面,这样当用户跳转时,就可以立即进行页面切换,节省创建新页面的时间,提升 App 的使用体验。MUI 提供两种方式实现页面预加载。

方式一:通过 mui.init 方法中的 preloadPages 参数进行配置,代码如下:

```
mui.init({
    preloadPages:[
      {
          url:prelaod - page - url,
          id:preload - page - id,
          styles:{},//窗口参数
          extras:{},//自定义扩展参数
          subpages:[{},{}]//预加载页面的子页面
      }
    ],
    preloadLimit:5//预加载窗口数量限制(一旦超出,先进先出)默认为不限制
});
```

该方案使用简单、可预加载多个页面,但不会返回预加载每个页面的引用,若要获得对应的 webview 引用,还需要通过 plus.webview.getWebviewById 方式获得。另外,因为 mui.init 是异步执行,执行完 mui.init 方法后立即获得对应的 webview 引用的话,可能会失败,例如如下代码:

```
mui.init({
    preloadPages:[
      {
          url:'list.html',
```

```
            id:'list'
        }
    ]
});
var list = plus.webview.getWebviewByid('list');//这里可能返回空
```

方式二:通过 mui. preload 方法预加载,代码如下:

```
var page = mui.preload({
    url:new - page - url,
    id:new - page - id,//默认使用当前页面的 url 作为 id
    styles:{},//窗口参数
    extras:{}//自定义扩展参数
});
```

通过 mui. preload()方法预加载,可立即返回对应的 webview 引用,但一次仅能预加载一个页面;若需加载多个 webview,则需多次调用 mui. preload()方法;

在实际应用中采用哪一种预加载方式完全取决于应用场景。在这里,由于只需要预加载一个界面,而且想要立即获取对应的 webview 引用,因此采用方式二。

为了让手机状态栏的背景颜色和 App 项目的主题颜色保持一致,此处修改手机状态栏背景颜色,代码如下:

```
mui.init({
    statusBarBackground:'#f7f7f7' //设置状态栏背景颜色
});
```

一些初始化的操作,因为用到了 plus 这样的 HTML5+API,所以要通过 mui. plusReady()方法。需要注意的是,这里锁定屏幕为竖屏模式,因为引导页并没有设计为支持横屏的,因此如果不锁定为竖屏的话,一旦手机横屏,界面显示将会错乱。

注意:由于启动引导页只在首次启动 App 的时候出现,所以它出现一次之后,往后都不会再出现,除非重新安装 App,而在开发阶段,有时候要经常调试启动引导页的效果,因此要准备一行代码来重置,每次重置后就可以让引导页再次启动;当不需要的时候,把代码注释掉就可以了。代码也很简单,其实就是从本地存储中移除 lauchFlag,代码如下:

```
localStorage.removeItem("lauchFlag");
```

启动引导图运行结果如图 3 - 4 所示。

图 3-4　启动引导图运行结果

第4章

登　录

App与后台系统交互的第一步就是登录认证，系统中存在维修人员、报修人员、班组长和项目经理四种角色，每一种角色都对应着不同的操作权限。系统必须先登录，然后才能进入后台首页。目前没有开放用户注册的功能，用户由系统的管理人员统一在后台录入。

1. 常见的 App 登录方式

- 账号密码：用户在 client 端输入账号密码，发送到 server 端，server 端进行 database 验证，如果验证通过则表示该用户认证成功，否则认证失败。
- 验证码：用户输入手机号，并且单击获取验证码，server 产生随机验证码并打上过期时间，通过 SMS 消息推送传输给用户，client 输入该验证码，传到 server 进行判断。
- 第三方：第三方相对复杂一点，client 需要先到第三方网站或者 App 进行授权，授权后跳转到 server，server 通过代码获取到相应的 access_token，然后再通过 access_token 获得这个用户在这个第三方的基本信息。

2. 各登录方式的应用场景

- 账号密码：安全性相对较高，需要用户输入保护信息。使用场景较广，一般的应用都能够适用。本项目就是采用这一登录验证方式。
- 验证码：优点是便捷；缺点是安全系数相对较低，手机丢失即账号丢失，一般用在验证不是非常严密的应用中，比如新闻资讯、地图这种获取咨询的 App 或者一些即用即关的应用。（注：App 内部支付有另外的验证方式。）
- 第三方：优点同样是便捷，比手机号还要便捷，不需要输入验证码。安全性需要依托第三方的可信度。不过现在微信、QQ、微博等第三方的登录还是相对比较安全的。使用范围相对较广。便捷性方面不定，需要依托第三方的便捷性，比如微信就需要安装微信的 App，而有些第三方登录会跳转到该第三方的登录网站中，使用账号密码登录。所以安全性方面需要看第三方，像微信这样直接单击确定登录肯定没有输入第三方账号密码安全。综合来讲，第三方登录安全性不差，便捷性较高，另外不用注册新的账号密码，在现在的登录方式中非常普遍。

说明：为了方便演示，本项目中所有的后台接口没有采用 Token，而是直接调用，在实际生产项目中基于安全性考虑，建议采用 Token。

Token 是 App 接口调用中常用的一种调用认证方式，它的实现过程为，由客户端发起请求，服务器端在验证成功后生成一份 Token 信息保存到用户表中并设置一定的时效，同时将此 Token 返回给 App 端，App 端将此 Token 保存到本地，以后的每次请求都用该 Token。

4.1 登录功能介绍

用户可以输入用户名、电话号码和登录密码登录，系统将根据不同的角色，加载不同的功能界面。用户登录系统后，默认会自动记住账号密码，当下一次打开 App 时自动登录，如果需要下次登录的时候输入账号密码，必须单击退出按钮，进行退出操作，登录密码采用 md5 加密。

App 登录流程如图 4－1 所示。

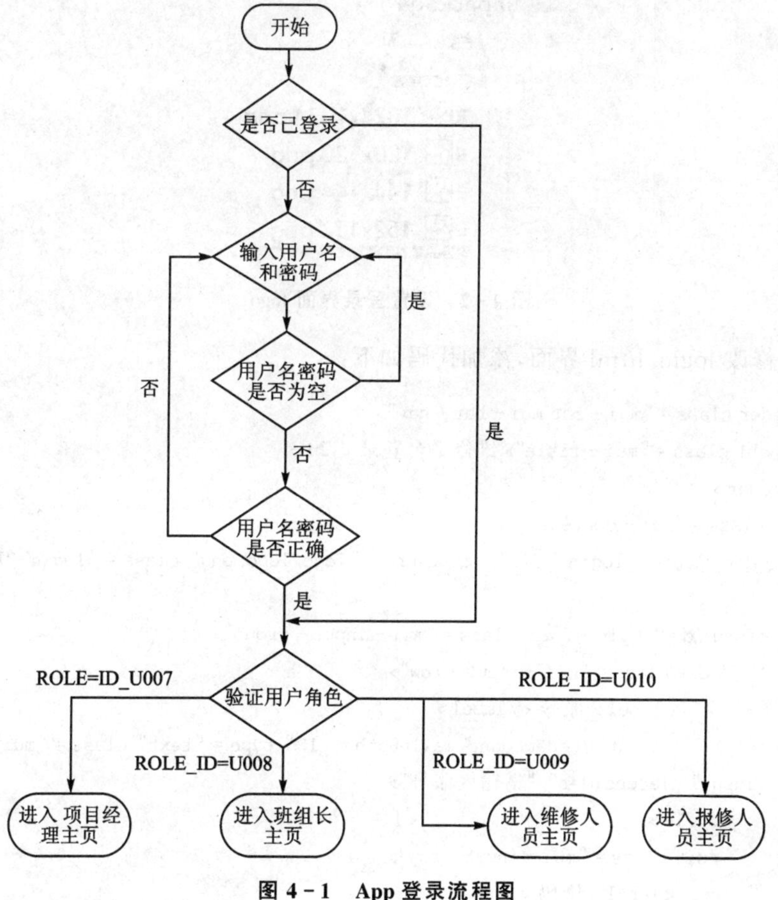

图 4－1　App 登录流程图

在用户进行登录操作后，会返回登录用户的菜单权限信息，然后 App 根据菜单权限来控制界面的展示。

4.2 登录界面设计

（1）直接将目录 unpackage/res/icons 中的 152x152.png 复制到 logo 目录中，然后重命名为 logo.png，将这个图片作为 App 的登录界面 logo，如图 4－2 所示。

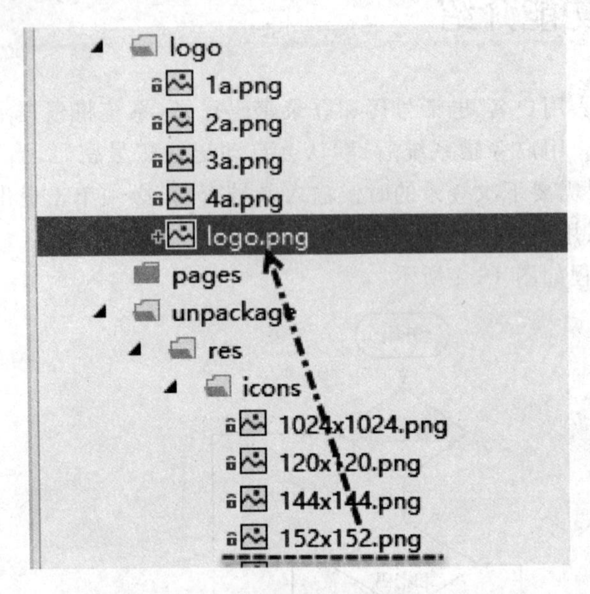

图 4－2　设置登录界面 logo

（2）修改 login.html 界面，添加代码如下：

```
<header class="mui-bar mui-bar-nav">
    <h1 class="mui-title">维修平台登录</h1>
</header>
<div class="mui-content">
    <div class="login-div"> <img src="logo/logo.png" class="login-logo"> </div>
    <form id='login-form' class="mui-input-group">
        <div class="mui-input-row">
            <label>账号</label>
            <input id='account' maxlength="12" type="text" class="mui-input-clear mui-input" placeholder="请输入账号">
        </div>
        <div class="mui-input-row">
            <label>密码</label>
```

```
                <input id='password' maxlength="20" type="password" class="mui-input-password mui-input" placeholder="请输入密码">
            </div>
        </form>
        <div class="mui-content-padded">
            <div class="center"> <button type="button" class="mui-btn mui-btn-primary center" id="login">登录</button> </div>
        </div>
    </div>
```

(3) 在 css/App 目录中单独添加一个 login. css 样式文件,然后在 login. html 页面中引用这个样式文件,具体的样式代码不再贴出,请查看书中提供的源码(书源码目录:h5_App\repair_App_green\css\App\lagin. css)。

(4) 登录界面效果图如图 4-3 所示。

图 4-3　登录界面效果图

4.3　登录编码实现

登录密码采用 md5 加密,所以这里要引用 md5. min. js。在 js/libs 目录下添加 md5. min. js 文件,然后在 login. html 中添加 md5. min. js 引用。

由于这里会用到一些公用方法,此处将其封装到 global. js 文件中。代码如下:

```
/*
 * 退出登录
```

```
    */
    owner.logout = function () {
        localStorage.removeItem('$loginstate');    //console.log('退出')
        mui.plusReady(function () {
            plus.runtime.restart();
        })
    }
    //获取本地存储值(key)
    owner.getItem = function (k) {
        var jsonStr = window.localStorage.getItem(k.toString());
        return jsonStr ? JSON.parse(jsonStr).data:null;
    }
    //设置本地存储值(key,value)
    owner.setItem = function (k,value) {
        value = JSON.stringify({
            data:value
        });
        k = k.toString();
        localStorage.setItem(k,value);
    }
/**
 * 设置菜单本地配置
 **/
    owner.setMenus = function (menus) {
        menus = JSON.stringify({
            data:menus
        });
        plus.storage.setItem('$menus',menus);
    }
    /**
     * 获取菜单本地配置
     **/
    owner.getMenus = function () {
        var jsonStr = plus.storage.getItem('$menus');
        return jsonStr ? JSON.parse(jsonStr).data:null;
    }
    //ajax 请求(url 地址,json 对象)
    owner.ajax = function (url,jsonData) {
        if (jsonData.type == undefined) {
            jsonData.type = 'post';
        }
        var _uuid = config.uuid;
```

```
mui.ajax(url,{
    async:jsonData.async || true,
    data:jsonData.data,
    dataType:'json',                    //服务器返回 json 格式数据
    type:jsonData.type,                 //HTTP 请求类型
    timeout:20000,                      //超时时间设置为 10s
    //'Content-type':'text/plain; charset=utf-8',
    headers:{
        'Content-Type':'Application/json; charset=utf-8',
        "USER_APP_ID":_uuid
    },
    beforeSend:function () {
        if (jsonData.mask) {
            jsonData.mask.show();       //显示遮罩层
        }
    },
    complete:function () {
        if (jsonData.nwaiting) {
            jsonData.nwaiting.close();
            g.closeWaiting();
        }
        if (jsonData.isShowing) {

        } else {
            g.closeWaiting();
        }
        if (jsonData.mask) {
            jsonData.mask.close();      //关闭遮罩层
        }
    },
    success:jsonData.success,
    error:function (xhr,type,errorThrown) {
        var btn=document.getElementById("btnSubmit");
        if (btn) {
            btn.disabled=false;
        }
        if (jsonData.nwaiting) {
            jsonData.nwaiting.close();
        }
        if (jsonData.error) {
            jsonData.error();
            if (g.getNetStatus()==false) {
```

```
                        mui.toast('网络异常,请稍候再试');
                        return;
                    }
                }
                if (! g.getNetStatus()) {
                    return;
                }
                var _msg = '';
                try {
                    if (xhr.response != null && JSON.parse(xhr.response) != null) {
                        _msg = JSON.parse(xhr.response).Message;
                    }
                } catch (e) {
                    mui.toast(e);
                }
                if (xhr.status == 400) {
                    mui.toast(_msg);
                }
                if (_msg == '无效用户') {                  //自动退出登录
                    g.logout();
                }
            }
        });
    }
```

Ajax 请求可以说是用得最频繁的功能了,因此这里对其进行了额外的封装,方便其他地方调用。

当用户登录成功之后,我们将获取用户的基本信息以及用户的菜单权限,将其全部存储到本地。在下次打开 App 时,就可以从本地存储中获取用户信息,如果能取到则自动登录并从本地存储中获取菜单。

接下来,修改 config.js 配置文件,代码如下:

```
(function (owner) {
    owner.isPublish = false;                              //是否发布到正式环境
    owner.AppTitle = "维修平台";
    owner.uuid = localStorage.getItem('$uuid');   //获取设备的唯一标识号
    owner.ORG_CODE = localStorage.getItem('$ORG_CODE');   //项目编码
    owner.ROLE_ID = localStorage.getItem('$ROLE_ID');     //登录角色编号
    owner.USER_ID = localStorage.getItem('$USER_ID');     //登录用户编号
    owner.getCount = localStorage.getItem('$EXE_COUNT') || '';
    var apiDomain = '';                                   //API 域名地址
    if (owner.isPublish == true) {                        //生产
```

```
        apiDomain = 'http://www.repair.com';           //API 域名
        owner.apkUrl = apiDomain + '/App/android.apk';   //Android 安装包下载地址
        owner.OpenLog = false;                          //是否开启日志,控制台日志开关
    } else {                                            //测试
        owner.OpenLog = true;                           //是否开启日志,控制台日志开关
        owner.isMock = true;                            //是否是 mock 数据
        apiDomain = 'http://www.repairtest.com';        //API 域名
        owner.apkUrl = apiDomain + '/App/android.apk';  //Android 安装包下载地址
    }

    owner.loginUrl = apiDomain + "api/Base/LoginApp";   //登录
}(window.config = {}));
//App 角色类型
(function (owner) {
    owner.pm = 'pm';                                    //项目经理
    owner.leader = 'leader';                            //班组长
    owner.repairman = 'repairman';                      //维修人员
    owner.customer = 'customer';                        //报修人员
}(window.comm = {}));
```

如上述代码,这里添加了四种 App 角色类型标识。

在第 3 章中的 login.html 页面中用了 u.login 方法,这个是自定义的一个方法,在 js/App 下面新建一个 js 文件 login.js,将登录相关的代码封装到一个全局变量 u 中,然后在 login.html 页面中添加对这个 js 的引用,和 mock 相关的引用,注意 js 的先后引用顺序,如下所示:

```
<script src="js/mui.min.js"></script>
<script src="js/libs/md5.min.js"></script>
<script src="js/common/config.js"></script>
<script src="js/libs/mock-min.js"></script>
<script src="js/common/mockdata.js"></script>
<script src="js/common/global.js"></script>
<script src="js/App/login.js"></script>
```

login.js 完整代码如下:

```
var nwaiting = null;
(function ($,owner) {
    /**
     * 用户登录
     **/
    owner.login = function (loginInfo,callback) {
        if (g.getNetStatus() == false) {
```

```
        mui.toast('网络异常,请稍候再试');
        return;
    }
    callback = callback || mui.noop;
    loginInfo = loginInfo || {};
    loginInfo.account = loginInfo.account || '';
    loginInfo.password = loginInfo.password || '';
    var pwd = md5(loginInfo.password);
    var _where = {
        USER_ID:loginInfo.account,
        PASSWORD:pwd
    };
    nwaiting = plus.nativeUI.showWaiting();            //显示原生等待框
    g.ajax(config.loginUrl,{
        type:'post',
        data:_where,
        nwaiting:nwaiting,
        success:function (result) {
            if (nwaiting) {
                nwaiting.close();
            }
            console.log('loginUrl:' + JSON.stringify(result))
            if (result.StatusCode == 200) {          //成功
                var _user = result.Data.U;
                if (_user.USER_ID == null) {
                    mui.toast('用户名或密码错误');
                    return;
                }
                var _GloabMenus = result.Data.P;
                if ( _GloabMenus != null && _GloabMenus.length > 0) {
                    g.setMenus(_GloabMenus);
                    localStorage.setItem('$loginstate',true);
                                                  //设置登录成功状态,跳转到首页
                    u.createUserInfo(_user,callback);   //存储登录用户信息
                }
            }
        }
    })
};
/**
 * 创建登录用户实体
 * @param {Object} user:登录用户对象
```

```
 * @param {Object} callback
 */
owner.createUserInfo = function (user,callback) {
    if (user.ORG_CODE != null) {
        localStorage.setItem('$ORG_CODE',user.ORG_CODE); //登录用户所属机构编号
    }
    if (user.ROLE_ID != null) {
        localStorage.setItem('$ROLE_ID',user.ROLE_ID); //登录用户角色编号
    }
    if (user.USER_ID != null) {
        localStorage.setItem('$USER_ID',user.USER_ID);     //登录用户编号
    }
    user.token = "token123456789";
    if (user.PASSWORD != null && user.PASSWORD != "") {
        localStorage.setItem('$smp_cur_pwd',user.PASSWORD);//当前登录密码
    }
    g.setItem('$userinfo',user);
    saveAppRoleType(user);                          //记录登录角色(App角色)
    return callback();
};
//保存App角色,对App而言就4种角色,不管系统有多少种角色
function saveAppRoleType(_user) {
    var roleType = '';
    var action_type = _user.ACTION_TYPE;
    if (action_type == undefined || action_type == null) { roleType = comm.custom-
er; }
    else {
        var canDispatching = action_type.indexOf('B') > = 0 ? true:false;
                                                    //派工
        var canGetOrder = action_type.indexOf('A') > = 0 ? true:false;
                                                    //抢单
        if (canGetOrder && canDispatching) {        //可派可抢(班组长)
            roleType = comm.leader;
        }
        else if (canGetOrder) {                     //可抢单(维修人员)
            roleType = comm.repairman;
        }
        else if (canDispatching) {                  //可派工(项目经理)
            roleType = comm.pm;
        } else {                                    //不可抢、不可派(报修人员)
            roleType = comm.customer;
        }
```

```
        }
        if (roleType != '') {
            localStorage.setItem('$AppRoleType',roleType);
        }
    }
}(mui,window.u = {}));
```

需要注意的是，在 user 对象中有一个 ACTION_TYPE 字段，这个是用来标识用户操作权限的，A 表示可以抢单操作，B 表示可以派工操作。为什么会有这样一个标识？因为在 PC 系统中可能存在多个角色，他们并不局限于书中所述的这四种，所以它相当于 PC 中的系统角色和 App 中的系统角色的一种映射关系。

修改 mockdata.js，构造登录的 mock 数据，此处直接对 mock 的四个登录用户进行硬编码，他们分别代表四种角色，密码统一为 123456。代码如下：

```
//登录
Mock.mock(config.loginUrl,null,function (options) {
    var _body = JSON.parse(options.body);
    var userid = _body.USER_ID;
    var result = null;
    if (_body.PASSWORD !='e10adc3949ba59abbe56e057f20f883e') {
                                                    //密码不等于 123456
        return loginUrlErrorObj;
    }
    if (userid == '4403001') {                      //项目经理
        result = pmObj;
    } else if (userid == '4403006') {               //班组长
        result = leaderObj;
    } else if (userid == '4403007') {               //维修人员
        result = repairmanObj;
    } else if (userid == '4403010') {               //报修人员
        result = customerObj;
    }
    else {
        result = loginUrlErrorObj;
    }
    return result;
});
```

代码中具体的返回数据对象 result，请参考 mockdata.js 源码，这里不再贴出。

4.4 角色菜单权限

App 的角色权限目前只设置到菜单权限，并没有到界面中的按钮，当然如果要控制界面按钮的话也是可以的，只需要在数据表中进行配置即可，然后在用户登录时根据角色加载菜单，再根据角色和菜单加载界面的操作按钮。在这里为了简单起见，App 中按钮的控制权限是直接根据工单状态和登录用户的角色来判断的，因为 App 就四种角色。

这里以项目经理角色登录返回的信息实体对象为例，返回值为 null 的字段可以忽略，因为都是一些无关紧要的字段。详细代码结构如下：

```
//项目经理菜单权限
var pmObj = {
    "StatusCode":200,
    "Message":null,
    "Data":{
        "U":{
            "USER_ID":"4403001",
            "ORG_CODE":"4403Z01",
            "ORG_NAME":"XX 维修项目",
            "DEPT_CODE":"ZHJD",
            "DEP_NAME":"维修部",
            "DIST_ID":"440300",
            "CODE":"4403Z01YWB110",
            "IS_SYS":false,
            "BUILD_ID":null,
            "ROLE_ID":"U007",
            "UROLE_TYPE":3,
            "ROLE_NAME":"项目经理",
            "PASSWORD":"e10adc3949ba59abbe56e057f20f883e",
            "GENDER":1,
            "BIND_PHONE":true,
            "FACE":null,
            "MEMO":null,
            "ADDRESS":null,
            "DUTY_TYPE":null,
            "ACTION_TYPE":"-1,B",
            "EMAIL":null,
            "FIX":false,
```

```
        "IS_ACC":false,
        "IS_OUT":false,
        "JOB_TYPE":null,
        "NAME":"李经理",
        "PHONE":"13200000001",
        "POSITION":null,
        "TITLE":null,
        "SUPPER_ID":null,
        "SUPPER_NAME":null,
        "SUPPER_TYPE":null,
        "SUPPER_CONTACT":null,
        "SUPPER_ADDRESS":null,
        "SUPPER_TEL":null,
        "CREATE_TIME":"2018-08-29T00:00:00",
        "CREATE_USER_ID":"admin",
        "MODIFY_USER_ID":null,
        "MODIFY_TIME":null,
        "STATE":1,
        "sys_updatetime":"2018-08-30T09:39:27.101386Z"
    },
    "P":[{
        "URIGHT_ID":1,
        "URIGHT_NAME":"工作台",
        "RIGHT_TYPE":null,
        "PARENT_ID":null,
        "LEVEL":1,
        "ORDER_NO":0,
        "MODULE_NAME":"home",
        "IS_MENU":false,
        "ICON":"iconfont icon-gongzuotai",
        "BACKGROUND_COLOR":"",
        "FUNC":"pages/home.html",
        "PARAMETER":"",
        "IS_SINGLE":false,
        "MEMO":"",
        "PARENT_NAME":""
    },{
        "URIGHT_ID":5,
        "URIGHT_NAME":"维修",
```

```
    "RIGHT_TYPE":null,
    "PARENT_ID":1,
    "LEVEL":2,
    "ORDER_NO":1,
    "MODULE_NAME":"repair",
    "IS_MENU":true,
    "ICON":"iconfont icon-weixiubaoyang",
    "BACKGROUND_COLOR":"#FFBD4D",
    "FUNC":"home/task-main.html",
    "PARAMETER":null,
    "IS_SINGLE":false,
    "MEMO":null,
    "PARENT_NAME":""
},{
    "URIGHT_ID":6,
    "URIGHT_NAME":"模块 2",
    "RIGHT_TYPE":null,
    "PARENT_ID":1,
    "LEVEL":2,
    "ORDER_NO":2,
    "MODULE_NAME":"polling",
    "IS_MENU":true,
    "ICON":"iconfont icon-xunjianguanli",
    "BACKGROUND_COLOR":"#6BA7F0",
    "FUNC":"home/polling/order-detail.html",
    "PARAMETER":null,
    "IS_SINGLE":false,
    "MEMO":null,
    "PARENT_NAME":""
},{
    "URIGHT_ID":7,
    "URIGHT_NAME":"模块 3",
    "RIGHT_TYPE":null,
    "PARENT_ID":1,
    "LEVEL":2,
    "ORDER_NO":3,
    "MODULE_NAME":"maintain",
    "IS_MENU":true,
    "ICON":"iconfont icon-Maintenance",
```

```
        "BACKGROUND_COLOR":"#5CBD9C",
        "FUNC":"home/maintain/order-detail.html",
        "PARAMETER":null,
        "IS_SINGLE":false,
        "MEMO":null,
        "PARENT_NAME":""
    },{
        "URIGHT_ID":3,
        "URIGHT_NAME":"我的",
        "RIGHT_TYPE":null,
        "PARENT_ID":null,
        "LEVEL":1,
        "ORDER_NO":4,
        "MODULE_NAME":"my",
        "IS_MENU":true,
        "ICON":"iconfont icon-wode",
        "BACKGROUND_COLOR":null,
        "FUNC":"pages/my.html",
        "PARAMETER":null,
        "IS_SINGLE":false,
        "MEMO":null,
        "PARENT_NAME":""
    },{
        "URIGHT_ID":4,
        "URIGHT_NAME":"模块4",
        "RIGHT_TYPE":null,
        "PARENT_ID":1,
        "LEVEL":2,
        "ORDER_NO":4,
        "MODULE_NAME":"alarm",
        "IS_MENU":true,
        "ICON":"iconfont icon-alarm",
        "BACKGROUND_COLOR":"#F27475",
        "FUNC":"home/alarm/order-detail.html",
        "PARAMETER":null,
        "IS_SINGLE":false,
        "MEMO":null,
        "PARENT_NAME":""
    }],
```

```
            "R":true
        }
    };
```

菜单权限响应参数如表 4-1 所列。

表 4-1 菜单权限响应详细参数说明

参数名称	参数说明
StatusCode	响应状态码
Message	返回的错误提示信息
Data	数据对象主体
U	用户信息对象
USER_ID	登录用户 ID
ORG_CODE	项目编码
ORG_NAME	项目名称
DEPT_CODE	部门编码
DEP_NAME	部门名称
IS_SYS	是否系统用户,系统用户不能登录 App
ROLE_ID	角色 ID
UROLE_TYPE	角色类型
ROLE_NAME	角色名称
PASSWORD	登录密码(md5 加密后的)
GENDER	性别:0:女,1:男
ACTION_TYPE	操作类型:(-1:未选择,A:可抢单,B:可派工)同时具有多项用逗号隔开
NAME	用户名称
PHONE	用户的手机号码
STATE	用户状态:(1:启用,0:禁用)
P	权限对象
URIGHT_ID	权限 ID,这里就是菜单 ID
URIGHT_NAME	权限名称,这里就是菜单名称
PARENT_ID	父权限 ID,一级菜单为 null
LEVEL	菜单级别
ORDER_NO	排序号,默认升序排列
MODULE_NAME	权限模块的英文名称
IS_MENU	是否是菜单,这里都是菜单,没有按钮
ICON	菜单的矢量图标样式
BACKGROUND_COLOR	菜单背景颜色
FUNC	菜单地址,相对路径

对应的项目经理角色界面展示如图 4-4 所示，数值 1 表示一级菜单，数值 2 表示二级菜单。图中的模块 4 并非工单的操作，可能是一些其他操作，所以在上面的二级菜单中并没有显示。

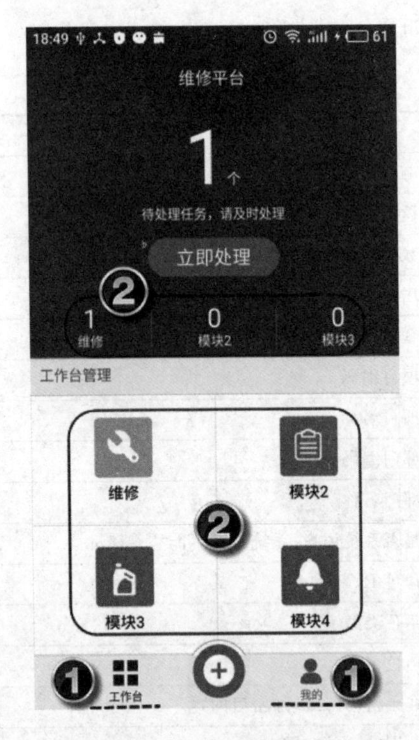

图 4-4　项目经理界面

4.5　自动登录

当单击“登录”按钮，登录成功之后就存储登录用户信息，并将登录标识 $ loginstate 中的值设为 true，当下次再打开 App 时，首先从本地存储中去取 $ loginstate 的值，如果有值，则直接从本地存储中获取用户信息进行登录。

在登录中，我没有使用验证码，因为 App 没有开放用户注册功能。也就是说，用户都是由后台系统管理员录入的，没有必要再在登录的时候设置验证码。当然，如果出于安全性考虑，也可以让用户在第一次登录的时候输入验证码，已经登录后，不用输入验证码也可以自动登录。自动登录的代码如下：

```
var loginstate = localStorage.getItem('$loginstate');
            //检查 "登录状态" 开始
            if (loginstate) {
                toMain();                //跳转到 App 后台首页
            }
```

4.6 运 行

打开 HBuilder,“运行→真机运行”,运行 App 项目,可以在控制台看到如图 4-5 所示的日志信息,这些日志是代码中的 console.log 代码打印出来的信息。

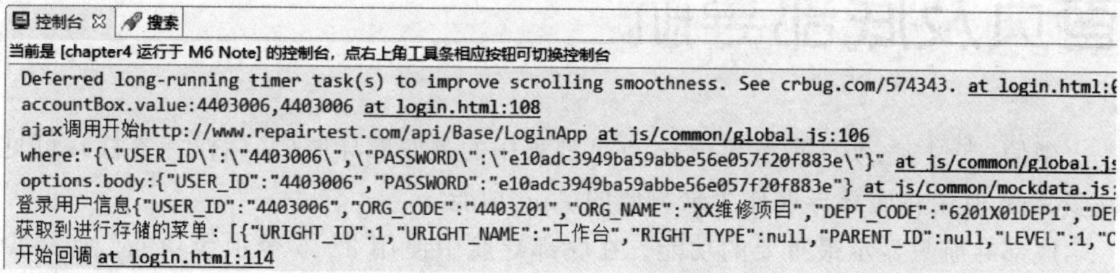

```
控制台 ☒ 搜索
当前是 [chapter4 运行于 M6 Note] 的控制台，点右上角工具条相应按钮可切换控制台
Deferred long-running timer task(s) to improve scrolling smoothness. See crbug.com/574343. at login.html:6
accountBox.value:4403006,4403006 at login.html:108
ajax调用开始http://www.repairtest.com/api/Base/LoginApp at js/common/global.js:106
where:"{\"USER_ID\":\"4403006\",\"PASSWORD\":\"e10adc3949ba59abbe56e057f20f883e\"}" at js/common/global.js
options.body:{"USER_ID":"4403006","PASSWORD":"e10adc3949ba59abbe56e057f20f883e"} at js/common/mockdata.js:
登录用户信息{"USER_ID":"4403006","ORG_CODE":"4403Z01","ORG_NAME":"XX维修项目","DEPT_CODE":"6201X01DEP1","DE
获取到进行存储的菜单：[{"URIGHT_ID":1,"URIGHT_NAME":"工作台","RIGHT_TYPE":null,"PARENT_ID":null,"LEVEL":1,"C
开始回调 at login.html:114
```

图 4-5 相关日志信息

如图 4-5 所示,说明此时已经获取了 mock 的数据并登录成功了。由于现在的 index.html 页面什么内容都没有,所以你登录后会看到空白页面。为了演示方便,可以在 index.html 页面的 body 中添加文字“首页”。

第5章

首页及底部导航

微信、支付宝、今日头条等 App 首页都采用的是底部导航(又称作标签栏),可见许多 App 应用将底部导航作为最重要的 App 功能。

底部导航只显示最重要的功能。在底部导航中使用 3～5 个顶级功能。如果少于 3 个,请考虑使用标签代替。

底部导航避免使用 5 个以上,因为可单击项过于接近,不利于操作。每多展示一个标签,App 的复杂性就增加一分。

如果顶级功能确实有 5 个以上,不要用底部导航来承载这些入口,请考虑放在其他位置。

本项目中,项目经理和班组长首页界面显示是一样的,维修人员和报修人员界面相似。底部导航模块是共用的,只是展示的数据不一样,底部菜单显示的就是该用户所拥有的一级菜单。而且本项目的底部导航在中间位置使用了凸起图标,那么一级菜单要显示为双数,也就是 2 个或者 4 个,否则界面显示比较不友好。

5.1 底部菜单导航实现

对于底部导航栏的实现,官方的 demo 中提供了三种实现方式。

- 底部选项卡- div 模式
- 底部选项卡- webview 模式
- 底部选项卡-二级菜单(div)

读者可以下载官方的 demo 运行查看效果,如图 5－1 所示。

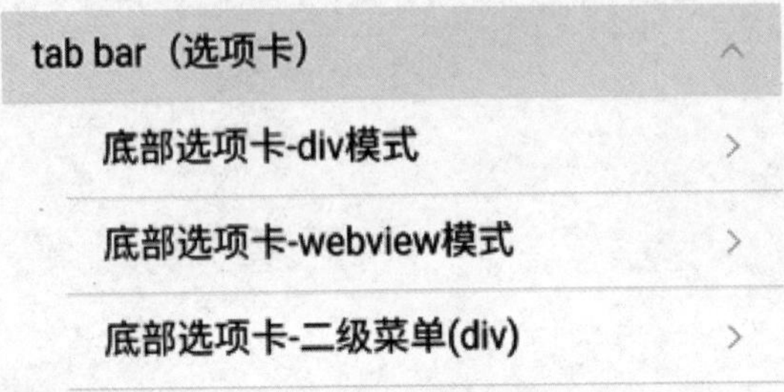

tab bar (选项卡)

底部选项卡-div模式

底部选项卡-webview模式

底部选项卡-二级菜单(div)

图 5－1　官方 demo

5.1.1 底部选项卡-div 模式

何谓 div 模式的选项卡？

其实就是通过 div 模拟一个独立页面，通过 div 的显示、隐藏模拟不同页面的切换，是典型的 SPA 模式。

这种模式适合简单的业务系统，因为每个选项卡的内容要写在一个 div 中，若逻辑复杂，会导致当前页面的 Dom 结构繁杂，造成 webview 响应缓慢，甚至崩溃；因此若系统较复杂，需要下拉刷新等操作，推荐使用 webview 模式的选项卡。

这种方式实现起来非常简单，只需要按照特定的 Dom 结构，然后通过 js 代码开启右滑功能。Dom 结构如下：

```
<header class="mui-bar mui-bar-nav">
    <a class="mui-action-back mui-icon mui-icon-left-nav mui-pull-left"></a>
    <h1 class="mui-title">底部选项卡-div模式</h1>
</header>
<nav class="mui-bar mui-bar-tab">
    <a class="mui-tab-item mui-active" href="#tabbar">
        <span class="mui-icon mui-icon-home"></span>
        <span class="mui-tab-label">首页</span>
    </a>
    <a class="mui-tab-item" href="#tabbar-with-chat">
        <span class="mui-icon mui-icon-email"><span class="mui-badge">9</span></span>
        <span class="mui-tab-label">消息</span>
    </a>
    <a class="mui-tab-item" href="#tabbar-with-contact">
        <span class="mui-icon mui-icon-contact"></span>
        <span class="mui-tab-label">通讯录</span>
    </a>
    <a class="mui-tab-item" href="#tabbar-with-map">
        <span class="mui-icon mui-icon-gear"></span>
        <span class="mui-tab-label">设置</span>
    </a>
</nav>
<div class="mui-content">
    <div id="tabbar" class="mui-control-content mui-active">
        <div class="title">这是div模式选项卡中的第1个子页面.</div>
    </div>
    <div id="tabbar-with-chat" class="mui-control-content">
        <div class="title">这是div模式选项卡中的第2个子页面,该页面展示一个消
```

```
息列表</div>
        </div>
        <div id="tabbar-with-contact" class="mui-control-content">
            <div class="title">这是div模式选项卡中的第3个子页面,该页面展示一个通
讯录示例.</div>
        </div>
        <div id="tabbar-with-map" class="mui-control-content">
            <div class="title">这是div模式选项卡中的第4个子页面,该页面展示一个常
见的设置示例.</div>
        </div>
    </div>
```

样式mui-active表示当前选项卡为选中状态。

js开启右滑代码如下:

```
mui.init({
    swipeBack:true //启用右滑关闭功能
});
```

完整示例代码请参考官方示例hello－mui源码:examples/tabbar.html。

5.1.2 底部选项卡-webview模式

何谓webview模式?

其实就是每个选项卡内容都是一个独立的webview,彼此之间互相独立、互不影响;对于较为复杂的业务系统,推荐使用该模式。基于webview模式的选项卡,支持原生加速的下拉刷新。

完整示例代码请参考官方示例hello-mui源码:examples/tab-webview-main.html。

本项目采用的是webview模式,首先在项目中引入阿里巴巴矢量库图标的样式和MUI的样式,代码如下:

```
<link href="css/mui.min.css" rel="stylesheet" />
<link href="css/iconfont.css" rel="stylesheet" />
<link href="css/App/index.css" rel="stylesheet" />
```

MUI中就存在底部导航选项卡的样式:

```
<nav id="App" class="mui-bar mui-bar-tab footer-nav">
    <a v-for="(item,index) in tabbar" v-bind:id="item.id" class="mui-tab-i-
tem" v-bind:class="{'mui-active':! index}" v-bind:data-id="item.url">
        <span class="mui-icon" v-bind:class="item.icon"></span>
        <span class="mui-tab-label">{{item.title}}</span>
    </a>
```

```
</nav>
```

index.html 中用到了 vue.js，此处需要添加它的引用，至于 config.js 和 global.js，一个是配置文件，一个是公共库，基本上所有界面都是需要引用的，代码如下：

```
var App = new Vue({
    el:'#App',
    data:{……},
    mounted:function() {
        mui.init({
            swipeBack:true          //启用右滑关闭功能
        });
        var self = this;            //Vue 实例化对象
        //初始化
        mui.plusReady(function() {…})}
});
```

vue.js 和 MUI 结合使用时，mui.init()和 mui.plusReady()方法通常会放到 mounted 中。

解决思路：

(1) 根据登录用户获取用户所拥有的一级菜单，然后利用 vue.js 动态绑定到 nav 中。

(2) 利用 H5+的 plus.webview.create()方法，可以根据一级菜单动态创建 webview。

(3) 通过 plus.webview.currentWebview()获取当前 index.html 的 webview，然后通过 webview 的 Append()方法将动态创建的第一个 webview 追加到当前 webview 中。

(4) 设置第一个动态生成的 webview 的当前状态为激活状态。

(5) 为所有一级菜单选项卡绑定 tap 单击事件。

(6) 在 tap 单击事件中，设置当前单击的节点高亮显示，同时判断单击的节点是否已经动态生成了 webview 对象，如果没有则根据当前菜单动态创建一个对象，如果有则直接显示。显示的界面地址就是菜单数据中"FUNC"字段返回的值："pages/home.html"。

实现底部导航中间凸起的按钮：

通过 new plus.nativeObj.View()方法自己画一个，放到底部选项卡最中间的位置。

global.js 中新增封装方法 drawNative，代码如下：

```
/**
 *  简单封装了绘制原生 view 控件的方法
```

```
*   绘制内容支持 font(文本,字体图标),图片 img ,矩形区域 rect
*/
owner.drawNative = function (id,styles,tags) {
    var view = new plus.nativeObj.View(id,styles,tags);
    return view;
},
```

index.html 中 mui.plusReady 方法下添加代码如下：

```
views = plus.webview.currentWebview();
self.tabbar = smp_menu.getFrstLevelMenus();
if(smp_menu == undefined || self.tabbar == undefined || self.tabbar == null || self.
tabbar == '' || JSON.stringify(self.tabbar[0]) == '{}') {
    localStorage.removeItem('$loginstate');
    console.log('已退出')
    return;
}
var length = self.tabbar.length;                        //菜单长度
var _tabbar = self.tabbar[0];
var sub = plus.webview.create(_tabbar.url,_tabbar.url,self.subStyle);
firstTabbar = sub;
var temp = {};
temp[0] = "true";
mui.extend(aniShow,temp);                                //合并对象
views.Append(sub);
activeTab = self.tabbar[0].url;                          //当前激活选项
localStorage.removeItem('$EXE_COUNT');                   //移除列表显示条目
//-------------------中间凸起图标绘制开始 ----------------------
var leftPos = Math.ceil((window.innerWidth - 60) / 2); //设置凸起大图标为水平居中
/**
 * drawNativeIcon 绘制带边框的半圆,
 * 实现原理:
 *    id 为 bg 的 tag 创建带边框的圆
 *    id 为 bg2 的 tag 创建白色矩形遮住圆下半部分,只显示凸起带边框部分
 *    id 为 iconBg 的背景图
 *    id 为 icon 的字体图标
 *    注意创建先后顺序,创建越晚的层级越高
 */
var drawNativeIcon = g.drawNative('icon',{
    bottom:'5px',
    left:leftPos + 'px',
    width:'60px',
    height:'60px'
```

```
},[…]);
//Append 到父 webview 中
views.Append(drawNativeIcon);

//自定义监听图标单击事件
var active_color = '#F5F5F5';
drawNativeIcon.addEventListener('click',function (e) {
    if (firstTabbar != null && (activeTab == 'pages/home.html' || activeTab == 'pages/
action-home.html' || activeTab == 'pages/repair-home.html')) {
        firstTabbar.evalJS("showRepair()");
    }
    //重绘字体颜色
    if (active_color == '#fff') {
        drawNativeIcon.drawText('\ue625',{},{……},'icon');
        active_color = '#000';
    } else {
        drawNativeIcon.drawText('\ue625',{},{……},'icon');
        active_color = '#fff';
    }
});
//------------------中间凸起图标绘制及监听单击完毕------------------
```

Mounted 中的监听事件：

```
//选项卡单击事件
mui('.mui-bar-tab').on('tap','a',function(e) {
    var _self = this;
    var targetTab = _self.getAttribute('data-id');
    if(targetTab == activeTab) {
        return;
    }
    showPage(targetTab);                    //显示目标选项卡
    plus.webview.hide(activeTab);           //隐藏当前
    activeTab = targetTab;                  //更改当前活跃的选项卡
});
//自定义事件,模拟单击"首页选项卡"
document.addEventListener('gohome',function() {
    var defaultTab = document.getElementById("home");
    //模拟首页单击
    mui.trigger(defaultTab,'tap');
    //切换选项卡高亮
    var current = document.querySelector(".mui-bar-tab>.mui-tab-item.mui-ac-
tive");
```

```
        if(defaultTab !== current) {
            current.classList.remove('mui-active');
            defaultTab.classList.add('mui-active');
        }
    });
```

在一些 App 中,通常会发现鼠标持续单击两下 Home 键,App 就自动退出了,在 MUI 中是通过重写 mui.back 的 back 方法来实现的,如果控制在 1s 内连续单击了两次,就让 App 自动退出,代码如下:

```
var first = null;
mui.back = function() {
    if(! first) {
        first = new Date().getTime();
        /**
         * 自动消失提示信息
         * http://www.html5plus.org/doc/zh_cn/nativeui.html#plus.nativeUI.toast
         */
        plus.nativeUI.toast("再按一次退出应用");
        setTimeout(function() {
            first = null;
        },1000);
    } else {
        if(new Date().getTime() - first <1000) {
            /**
             * 退出应用,仅安卓有效;
             * http://www.html5plus.org/doc/zh_cn/runtime.html#plus.runtime.quit
             */
            plus.runtime.quit();
        }
    }
};
```

运行效果如图 5-2 所示。

图 5-2　运行效果图

此时底部导航栏已经有了,但是工作台首页没有显示任何内容。

5.1.3 底部选项卡-二级菜单(div)

这是包含二级菜单的底部选项卡示例，单击底部菜单，会展开显示对应的二级菜单。

这个和底部选项卡 div 模式相似，不同点在于，单击选项卡时会调用 mui-popover 组件弹出层，只要按照特定的 Dom 结构就可以实现此功能。

Dom 结构代码如下：

```
<nav class="mui-bar mui-bar-tab ">
    <a class="mui-tab-item" href="#Popover_0"> 产品 </a>
    <a class="mui-tab-item" href="#Popover_1"> 方案 </a>
    <a class="mui-tab-item" href="#Popover_2"> 新闻 </a>
</nav>
<div class="mui-content">
    <div class="mui-content-padded">
        <p style="text-indent:22px;"> 这是包含二级菜单的底部选项卡示例，单击底部
菜单，会展开显示对应的二级菜单。</p>
    </div>
</div>
<div id="Popover_0" class="mui-popover mui-bar-popover">
    <div class="mui-popover-arrow"> </div>
    <ul class="mui-table-view">
        <li class="mui-table-view-cell">
            <a href="#"> iOS </a>
        </li>
        <li class="mui-table-view-cell">
            <a href="#"> Android </a>
        </li>
        <li class="mui-table-view-cell">
            <a href="#"> HTML5 </a>
        </li>
    </ul>
</div>
<div id="Popover_1" class="mui-popover mui-bar-popover">
    <div class="mui-popover-arrow"> </div>
    <ul class="mui-table-view">
        <li class="mui-table-view-cell">
            <a href="#"> PC 方案 </a>
        </li>
        <li class="mui-table-view-cell">
            <a href="#"> 手机方案 </a>
```

```
        </li>
        <li class = "mui - table - view - cell">
            <a href = "#"> TV 方案 </a>
        </li>
    </ul>
</div>
<div id = "Popover_2" class = "mui - popover mui - bar - popover">
    <div class = "mui - popover - arrow"> </div>
    <ul class = "mui - table - view">
        <li class = "mui - table - view - cell">
            <a href = "#"> 公司新闻 </a>
        </li>
        <li class = "mui - table - view - cell">
            <a href = "#"> 行业新闻 </a>
        </li>
    </ul>
</div>
```

运行效果如图 5-3 所示。

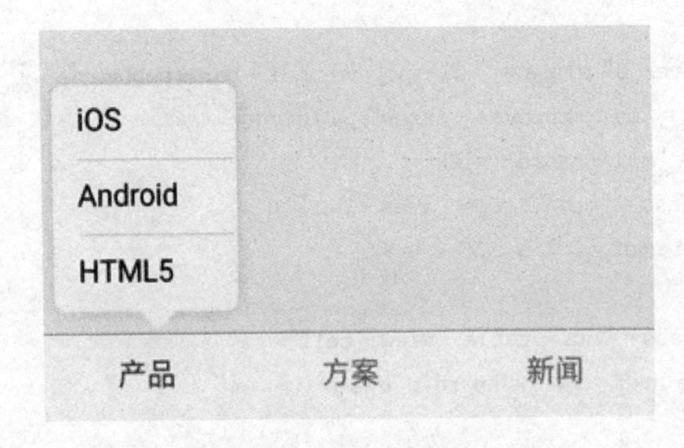

图 5-3　运行效果

完整示例代码请参考官方示例 hello-mui 源码：examples/tabbar-with-submenus.html。

5.2　首页界面设计及展示

在上一节已经完成了底部导航功能，但是底部导航中的工作台首页 home.html 中没有任何内容，这个 home.html 就是项目经理和班组长的首页。在项目中可以先创建好 home.html 界面，如图 5-4 所示。

home.html 界面代码：

```
<div id = "App" class = "mui - content">
```

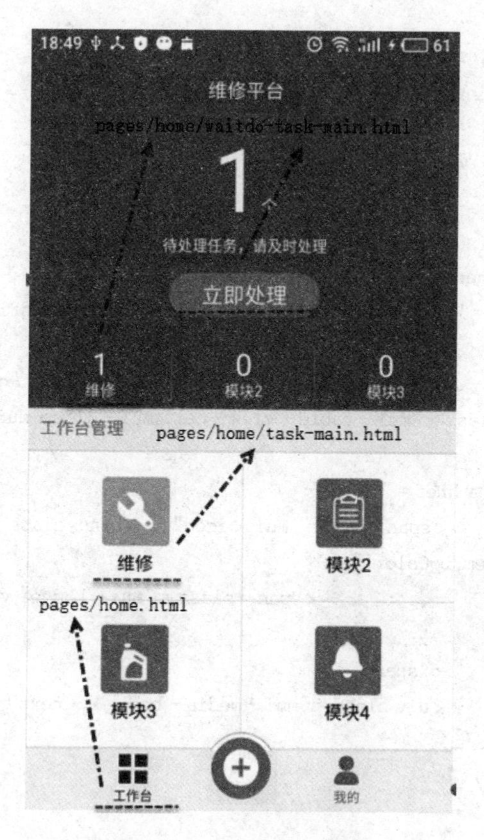

图 5-4 创建相关页面

```
        <div class = "user - header">
            <div class = "index_Title" v - text = "title"> </div>
            <div id = "waitTask" class = "waitTask"> <span v - text = "result.totalTaskNum"
> </span> 个 </div>
            <div class = "divInfo"> 待处理任务,请及时处理 </div>
            <div class = "divBtn">
                <button type = "button" class = "mui - btn mui - btn - primary" v - on:tap = "
toWaitDoTaskNow()"> 立即处理 </button>
            </div>
            <div id = "user - header - bottom" class = "user - header - bottom">
                <a v - for = "(item,index) in result.list" class = "vertical - bar" v - on:
tap = "toWaitDoTask(item,index)" v - bind:id = "item.id" v - bind:style = "{width:100/re-
sult.list.length + '%'}">
                    <span class = "font - Tag" v - text = "item.taskNum"> </span>
                    <p v - text = "item.title"> </p>
                </a>
            </div>
```

```
    </div>
    <ul class = "mui - table - view">
        <li class = "mui - table - view - cell" style = "line - height:0.98rem;font -
size:12px;">
            <p>工作台管理</p>
        </li>
    </ul>
    <div v - if = "menus.length> 0" v - cloak>
        <ul class = "mui - table - view mui - grid - view mui - grid - 9" style = "border -
top:0px;">
            <li v - for = "(item,index) in menus" v - on:tap = "goTaskType(item.name,i-
tem.title,item.url)" class = "mui - table - view - cell mui - media mui - col - xs - 6 mui - col
 - sm - 6">
                <a href = "#">
                    <span class = "mui - icon" v - bind:class = "item.icon" v - bind:
style = "{background:item.bgColor}">
                        <! -- <span  class = "mui - badge" v - text = "item.taskNum"
> </span> -->
                    </span>
                    <div class = "mui - media - body" v - text = "item.title"> </div>
                </a>
            </li>
        </ul>
    </div>
</div>
```

这里要用到界面的跳转，MUI 中封装了页面跳转的方法，这里对其进行二次封装，在 global.js 中，添加如下方法，代码如下：

```
/**
 * 打开新页面
 * @param {Object} jsonData
 */
owner.openWindow = function (jsonData) {
    mui.openWindow({
        url:jsonData.url,
        id:jsonData.id,
        extras:jsonData.extras || {},
        styles:jsonData.styles || {},
        show:jsonData.show || {},
        waiting:jsonData.waiting || {}
    });
}
```

```
//打开新页面(H5 + )
owner.openWindowWithTitle = function (WebviewOptions,title) {
    var _styles = {                 //窗口参数参考 H5 + 规范中的 WebviewStyle
                                    //也就是说 WebviewStyle 下的参数都可以在此设置
        titleNView:{                //窗口的标题栏控件
            titleText:title,        //标题栏文字,当不设置此属性时,默认加载当前页
                                    //面的标题,并自动更新页面的标题
            titleColor:"#fff",      //字体颜色,颜色值格式为"#RRGGBB"
                                    //默认值为"#000000"
            titleSize:"17px",       //字体大小,默认 17px
            backgroundColor:"#449DED",  //控件背景颜色,颜色值格式为"#RRGGBB",
                                        //默认值为"#F7F7F7"
            progress:{              //标题栏控件的进度条样式
                color:"#56CF87",//进度条颜色,默认值为"#00FF00"
                height:"2px"        //进度条高度,默认值为"2px"
            },
            splitLine:{             //标题栏控件的底部分割线,类似 borderBottom
                color:"#CCCCCC",//分割线颜色,默认值为"#CCCCCC"
                height:"0px"        //分割线高度,默认值为"2px"
            },
            autoBackButton:true
        },
    };
    WebviewOptions.styles = _styles;
    mui.openWindow(WebviewOptions);
}
```

这两个方法的区别是,openWindow()方法打开页面会出现短暂的白屏,而openWindowWithTitle()在打开新界面的时候,会预先把标题栏给绘制出来。在home.js 中用到了 rem,同时引入了 flexible.js,flexible.js 的引用要在所有 css 引用之前。

flexible.js:淘宝官方 H5 移动适配解决方案。

把 px 转换成 rem,flexible.js 做了下面三件事:

- 动态改写标签;
- 给 <html> 元素添加 data-dpr 属性,并且动态改写 data-dpr 的值;
- 给 <html> 元素添加 font-size 属性,并且动态改写 font-size 的值。

rem 是相对于根元素 <html> 中的 font-size 值来定义的,这就意味着,只需要在根元素中确定一个参考值,这个参考值设置为多少,完全可以根据需求来定。

1rem 等于多少 px?

1rem 等于 html 根元素设定的 font-size 的 px 值。假如在 css 里面设定下面的

css:html{font-size:12px},那么后面的 css 里面的 rem 值则以这个 12 来换算,例如设定一个 div 宽度为 2rem,高度为 3rem. 则它换算成 px 后,宽度:24px、高度:36px。同理,假如一个设计稿宽度为 36px,高度为 24px,换成 rem,则宽度为 36/12=3rem,高度为 24/12=2rem。如果 css 里面没有设定 html 的 font-size,则默认浏览器以 1rem=16px 来换算。

底部中间的凸起按钮,出现了一个弹窗菜单,MUI 框架内置了弹出菜单插件,弹出菜单显示内容不限,但必须包裹在一个含". mui-popover"类的 div 中,代码如下:

```
<div id = "repair - ways" class = "mui - popover mui - popover - bottom mui - popover - ac-
tion">
```

要显示、隐藏如上菜单,MUI 可以使用锚点方式或者 js 调用,这里采用的是 js 调用。

```
//显示报修界面
function showRepair() {
    mui('#repair - ways').popover('show');
}
```

还可以通过如下代码来处理:

```
mui('#repair - ways').popove('toggle');//show hide toggle
```

或者:

```
//传入 toggle 参数,用户无需关心当前是显示还是隐藏状态,MUI 会自动识别处理
mui('.mui - popover').popover('toggle',document.getElementById("repair - ways"));
```

popover 中的可选参数一共有三个,它们分别是:

- 'show'
  显示 popover;
- 'hide'
  隐藏 popover;
- 'toggle'
  自动识别处理显示隐藏状态。

第6章 故障报修

报修人员、维修人员、班组长和项目经理四个角色都有故障报修功能，维修人员和班组长自己报修的工单不能自己抢单，班组长可以派工给自己处理。为了让App能够完整地演示整个维修工单的操作流程，此处将工单信息存储到本地数据库中，本地数据库采用的是SQLite。而在实际项目中，是通过调用后台API接口来实现数据持久化的。维修工单的表名为：tb_repairbill_g，如表6-1所列。

表6-1 tb_repairbill_g(维修工单表)

字段名称	字段说明	示例值
NO	工单号	W440180726001
ORG_CODE	项目编码	4403Z01
EQT_WORK_ID	设备类型	0
IS_URGENCY	是否紧急(1:是,0:否)	0
STATE	工单状态	C
REPORT_USER_CODE	报修人编码	null
CREATE_USER_ID	创建人ID	4403001
REPORT_USER_NAME	报修用户姓名	邹琼俊
REPORT_ROLE_ID	报修人角色ID	null
PHONE	报修电话	15243641131
DEPT_CODE	报修部门编号	ZHJD
FAULT_INFO	故障描述	衣服坏了
ADDRESS	维修地点	深圳市福田区深南大道[4009]号
SOURCE	报修来源(电话报修、微信公众号、App报修)	C
FAULT_TYPE	故障类型	GZDT01
LABOR_COST	人工费用	0
PART_COST	配件费用	0
SUMMARY	维修说明	null
RECEIVE_TYPE	接收类型	0
BOOK_TIME	预约维修时间	null

续表 6 - 1

字段名称	字段说明	示例值
EQ_ID	设备编号	null
EQP_NAME	设备名称	null
ACCEPT_USER_ID	接单人 ID	1
SIGN_TIME	签到时间	2018 - 07 - 26 10:26:08
ACCEPT_TIME	接单时间	2018 - 07 - 26 10:21:08
DISPATCH_USER_ID	派工人	4403001
FINISH_SIGN	完工签名	null
FINISH_INFO	完工描述	已修好
FINISH_TIME	完工时间	2018 - 07 - 26 15:21:08
DISPATCH_TIME	派工时间	2018 - 07 - 26 09:21:08
NEED_HELP	是否有协助调派	0
NEED_DISPATCH	是否需要调度	0
HELP_SEND_TIME	调派时间	null
CONFIRM_USER_ID	审核人	null
CONFIRM_TIME	审核时间	null
CONFIRM_SIGN	审核签名	null
CONFIRM_STATUS	审核状态	null
REPORT_TIME	报修时间	2018 - 07 - 26 09:21:08
PRESS_NUM	催单次数	0
PRESS_FIRST_TIME	首次催单时间	null
PRESS_LAST_TIME	最近催单时间	null
MEMO	备注	null
CREATE_USER_ID	创建人	1
sys_updatetime	更新标识	
IS_WAITING	是否等待处理	0
OTHER_DEV_NAME	其他部门名称	null
LIMIT_TIME	限定时间	null
BUILD_ID	建筑编号	1
BUILD_NAME	建筑名称	XX 小区 1 栋
DIST_ID	行政区域	440303

说明:表中有许多字段在本项目中暂时用不到,如果扩张业务可能会用到,比如在本项目中,并没有工单评价审核流程,所以表中审核相关的字段暂时用不到。

提交报修工单

故障报修分为两种报修方式，一种是文字报修，另一种是扫码报修。文字报修是直接选择建筑进行报修，而扫码报修是直接扫建筑二维码，根据建筑二维码信息直接定位到建筑，然后进行报修。

在第5章中，找到 home.html 页面，并添加如下代码：

```
<div id="repair-ways" class="mui-popover mui-popover-bottom mui-popover-action">
    <!-- 可选择菜单 -->
    <ul class="mui-table-view mui-grid-view mui-grid-9">
        <li class="mui-table-view-cell mui-media mui-col-xs-12">
            <span>报修方式</span>
        </li>
        <li class="mui-table-view-cell mui-media mui-col-xs-6 mui-col-sm-6 bor-noright">
            <a href="#" id="btnTextRepair">
                <span class="mui-icon iconfont icon-bianji"></span>
                <div class="mui-media-body">文字</div>
            </a>
        </li>
        <li class="mui-table-view-cell mui-media mui-col-xs-6 mui-col-sm-6">
            <a href="#" id="btnSama">
                <span class="mui-icon iconfont icon-saoma"></span>
                <div class="mui-media-body">扫一扫</div>
            </a>
        </li>
        <li class="mui-table-view-cell mui-media mui-col-xs-12 p-notop">
            <a href="#repair-ways" class="p-notop"><span class="mui-icon mui-icon-closeempty"></span></a>
        </li>
    </ul>
</div>
```

在页面中添加 js 代码，用于监听文字报修和扫码报修事件，代码如下：

```
mui.ready(function () {eventListener();})
        function eventListener() {
            //文字报修
            document.getElementById('btnTextRepair').addEventListener('tap',function () {
                mui('#repair-ways').popover('hide');
```

```
                g.openWindowWithTitle({
                    url:'home/add - repair - content.html',
                    id:"add - repair - content"
                },'填写报修内容');
            })
            //扫码
            document.getElementById('btnSama').addEventListener('tap',function () {
                mui('#repair - ways').popover('hide');
                g.openWindowWithTitle({
                    url:'home/barcode - scan.html',
                    id:"barcode - scan"
                },'二维码扫描');
            })
        }
```

在这里,单击文字报修或者扫一扫都会跳转到一个新的界面,在跳转到新页面之前,先隐藏弹出层。

在 home 目录下,添加 add-repair-content. html 界面。报修界面如图 6-1 所示。

图 6-1 报修界面

需要注意的是，应尽量将文本框等需要输入的内容放置到屏幕的上半部分。这是为什么呢？因为如果文本框在屏幕的下半部分，单击后，就会弹出手机端的键盘，这会遮挡住文本框的内容。如果无可避免地需要在屏幕的下半部分中有文本框，也可以添加如下代码来自动滚动到文本框所在位置。代码中的 name 就是文本框的 name 属性值：

```
window.addEventListener('resize',function () {
    if (document.activeElement.name == 'FAULT_INFO') {
        document.activeElement.scrollIntoViewIfNeeded();
    }
})
```

模糊搜索

单击“请选择建筑”，将弹出一个侧滑菜单，在侧滑菜单中展示建筑列表，并支持模糊搜索，同时记录历史选择记录，如图 6-2 所示。

图 6-2　显示历史搜索

1. MUI 侧滑导航

MUI 提供了两种侧滑导航实现：webview 模式和 div 模式。

1）webview 模式

主页面和菜单内容在不同的 webview 中，两个页面根据内容需求分别组织 Dom 结构，MUI 对其 Dom 结构无特殊要求，故其有如下优点：

- 菜单内容是单独的 webview，故可被多个页面复用；
- 菜单内容在单独的 webview 中，菜单区域的滚动不影响主界面，故可使用原生滚动，滚动更为流畅。

另一方面，webview 模式也有缺点：

- 不支持拖动手势(跟手拖动)；
- 主页面和菜单页使用不同的 webview 实现，因此若需交互(如：单击菜单触发主页面内容变化)，需使用自定义事件实现跨 webview 通讯。

2）div 模式

主页面和菜单内容在同一个 webview 下，嵌套在特定结构的 div 中，通过 div 的移动动画模拟菜单移动；故该模式有如下优点：

- 支持拖动手势（跟手拖动）；
- 主页面、菜单在一个页面中，可通过 js 轻松实现两者交互（如：单击菜单触发主页面内容变化），没有跨 webview 通讯的烦恼。

另一方面，div 模式也有其缺点：

- 不支持菜单内容在多页面的复用，需每个页面都生成对应的菜单节点；
- 主界面和菜单内容的滚动互不影响，因此会使用 div 区域滚动，在低端的 Android 手机且滚动内容较多时，可能会稍显卡顿。

div 模式支持不同的动画效果，每种动画效果需遵从不同的 Dom 构造；下面以右滑菜单为例（左滑菜单仅需将菜单父节点上的 mui-off-canvas-left 换成 mui-off-canvas-right 即可），说明每种动画对应的 Dom 结构。

① 动画 1：主界面移动、菜单不动

```
<! -- 侧滑导航根容器 -->
<div class = "mui - off - canvas - wrap mui - draggable">
  <! -- 菜单容器 -->
  <aside class = "mui - off - canvas - left">
    <div class = "mui - scroll - wrApper">
      <div class = "mui - scroll">
        <! -- 菜单具体展示内容 -->
        ...
      </div>
    </div>
  </aside>
  <! -- 主页面容器 -->
  <div class = "mui - inner - wrap">
    <! -- 主页面标题 -->
    <header class = "mui - bar mui - bar - nav">
      <a class = "mui - icon mui - action - menu mui - icon - bars mui - pull - left"> </
a>
      <h1 class = "mui - title"> 标题 </h1 >
    </header>
    <div class = "mui - content mui - scroll - wrApper">
      <div class = "mui - scroll">
        <! -- 主界面具体展示内容 -->
        ...
      </div>
    </div>
```

```
    </div>
  </div>
```

② 动画 2:缩放式侧滑(类手机 QQ)

这种动画要求的 Dom 结构和动画 1 的 Dom 结构基本相同,唯一的差别就是需在侧滑导航根容器 class 上增加一个 mui-scalable 类。

③ 动画 3:主界面不动、菜单移动

这种动画要求的 Dom 结构和动画 1 的 Dom 结构基本相同,唯一的差别就是需在侧滑导航根容器 class 上增加一个 mui-slide-in 类。

④ 动画 4:主界面、菜单同时移动

这种动画要求的 Dom 结构较特殊,需将菜单容器放在主页面容器之下。

```
<! -- 侧滑导航根容器 -->
<div class = "mui - off - canvas - wrap mui - draggable">
  <! -- 主页面容器 -->
  <div class = "mui - inner - wrap">
    <! -- 菜单容器 -->
    <aside class = "mui - off - canvas - left">
      <div class = "mui - scroll - wrApper">
        <div class = "mui - scroll">
          <! -- 菜单具体展示内容 -->
          ...
        </div>
      </div>
    </aside>
    <! -- 主页面标题 -->
    <header class = "mui - bar mui - bar - nav">
      <a class = "mui - icon mui - action - menu mui - icon - bars mui - pull - left"> </
a>
      <h1 class = "mui - title"> 标题 </h1>
    </header>
    <! -- 主页面内容容器 -->
    <div class = "mui - content mui - scroll - wrApper">
      <div class = "mui - scroll">
        <! -- 主界面具体展示内容 -->
        ...
      </div>
    </div>
  </div>
</div>
```

2. JS API

MUI 支持多种方式操作 div 模式的侧滑菜单：

- 在界面上的拖动操作(drag)；
- 单击含有 mui-action-menu 类的控件；
- Android 手机按 menu 键；
- 通过 JS API 触发。

可以有两种调用方式：

① mui('.mui-off-canvas-wrap').offCanvas('show')；

② mui('.mui-off-canvas-wrap').offCanvas().show()；

3. 事件监听

可以通过以下方式监听侧滑菜单显示隐藏：

事件名	作用
shown	显示
hidden	隐藏

```
document.querySelector('.mui-off-canvas-wrap').addEventListener('shown',function(event){
    //...
})
```

也可以通过 isShown()方法判断是否为显示状态：

```
mui('.mui-off-canvas-wrap').offCanvas().isShown();
```

isShown() 方法也可以传递 direction 参数(非必选!)进而可以判断左右侧滑。

4. 示例代码

这里采用的是 div 模式。代码如下：

```
<!-- 侧滑导航根容器 mui-draggable -->
<div id="App" class="mui-off-canvas-wrap mui-slide-in">
    <!-- 查询容器 -->
    <aside class="mui-off-canvas-right" id="searchArea">
        <div class="mui-content smp-canvas-content">
            <div class="mui-input-row mui-search">
                <input id="search" v-on:keyup="searchList($event)" v-model="search.title" v-on:recognized="searchRecognized($event)" type="search" class="mui-input-clear" placeholder="请输入关键字" />
                <a href="#searchArea" v-on:tap="cancleSearchArea()" class="a-cancle rbtn">取消</a>
            </div>
            <div class="mui-scroll-wrApper" style="top:44px;">
```

```
                <div class = "mui - scroll" style = "overflow - y:auto;">
                    <! --自动搜索下拉列表-->
                    <div v - show = "search.title.length > 0">
                        <ul class = "ul - common mui - table - view">
                            <li v - on:tap = "sltWordsSearch(item)" v - for = "item in autoSearchList" class = "mui - table - view - cell" v - text = "item.TITLE"> </li>
                        </ul>
                    </div>
                    <div v - show = "search.title.length == 0">
                        <! --历史记录-->
                        <ul class = "ul - history mui - table - view">
                            <li class = "mui - table - view - cell mui - collapse mui - active">
                                <a class = "mui - navigate - right" href = "#"> 历史记录</a>
                                <div class = "mui - collapse - content no - margin">
                                    <div v - if = "historyList.length > 0" class = "mui - input - group">
                                        <div v - for = "item in historyList" class = "mui - input - row onerow" v - text = "item.name" v - on:tap = "historyDetail(item)"> </div>
                                    </div>
                                    <div v - else class = "mui - input - group"> <div class = "mui - input - row onerow"> 暂无历史记录 </div> </div>
                                </div>
                                <span class = "spn - clear fr" v - on:tap = "clearHistoryList()">
                                    <i class = "mui - icon mui - icon - trash i - clear"> </i>
                                </span>
                            </li>
                        </ul>
                    </div>
                </div>
            </div>
        </div>
    </aside>
    <! -- 主页面容器-->
```

这里用到了可以像 cookies 一样设置过期时间的本地存储，没有使用 cookies 的原因是，容易丢失以及存储容量有限，这里使用了一个第三方的 js 库：web-storage-cache.js。通过它来记录搜索选择历史记录，此处可以设置只记录一个月或者一周之内的。这个 js 库的使用也很简单，通过代码“var wsCache＝new WebStorageCache();”来实例化对象。

删除：

```
var _key = 'BuildHistory';
wsCache.delete(_key);
```

获取对象：

```
var historyJSON = wsCache.get(_key);
```

添加：

```
//添加历史记录
function addHistory(_key,name,id,address) {
    var stringCookie = wsCache.get(_key);
    var stringHistory = (stringCookie = = null || stringCookie = = "") ? "{" + _key +
":[]}":stringCookie;
    //console.log(stringHistory)
    var json = new S_JSON(stringHistory);
    var e = "{name:'" + name + "',id:'" + id + "',address:'" + address + "'}";
    json[_key].push(e); //添加一个新的记录
    wsCache.set(_key,json.toString(),{
        exp:30 * 24 * 3600
    });
}
```

上述代码中用到了一个 S_JSON 构造方法，这是封装的一个第三方 js 库：json.js，其作用是将字符串转换为 json 对象。

当 add-repair-content.html 界面加载的时候，就加载建筑列表信息，而不是每次单击选择建筑才去加载，这是因为，如果选择错建筑，再次选择会重新发送请求加载一次，影响效率。通过 vue 中绑定事件 v-on:keyup，当输入文字的时候自动从已加载的建筑信息列表中进行模糊匹配，而这个时候的建筑信息是已经加载到了本地内存的，而不是实时地去数据库中模糊查找。v-on:recognized 这个是语言识别的，可以先不管它。

pipcker 选择器

MUI 框架扩展了 pipcker 组件，可用于弹出选择器，在各平台上都有统一的表现，请务必在 mui.js/css 引入后再引用，可统一引用压缩版本：mui.picker.min.js。

1）演示加载故障类型

在 add-repair-content.html 界面中添加代码如下：

```
<div class = "mui - input - row" v - on:tap = "faultType()">
```

```
                    <label>故障类型</label>
                    <input type="text" id='userResult' placeholder="请选择故障类型"
readonly="readonly" class="mui-navigate-right" />
                                        <i class="mui-icon mui-icon-arrow-
right gofr"> </i>
                    </div>
```

js/App/home 目录下面添加 add-repair-content.js，通过 new mui.PopPicker()初始化 popPicker 组件，通过 setData()方法给 picker 对象添加数据。

setData() 支持数据格式为：数组；显示 picker：userPicker.show()。

```
faultType:function () {
    var userPicker = new mui.PopPicker();
    var dv = [];
    g.ajax(config.GetFaultType,{
        data:'',
        dataType:'json',//服务器返回 json 格式数据
        type:'get',
        success:function (data) {
            console.log('GetFaultType:' + JSON.stringify(data));
            dv.push({ text:'请选择',value:'' });
            for (var i = 0; i <data.Data.length; i++) {
                var d = {};
                d.text = data.Data[i].NAME;
                d.value = data.Data[i].CODE;
                dv.push(d);
            }
            userPicker.setData(dv);
            userPicker.show(function (items) {
                userResult.value = items[0].text;//选中项文本
                App.data_v.FAULT_TYPE = items[0].value; //选中项值
            });
        }
    });
},
```

运行效果如图 6-3 所示。

更多关于选择器的相关内容，请参考：http://dev.dcloud.net.cn/mui/ui/#picker。

2）日期选择器 dtpicker

dtpicker 组件适用于弹出日期选择器。

通过 new mui.DtPicker()初始化 DtPicker 组件：

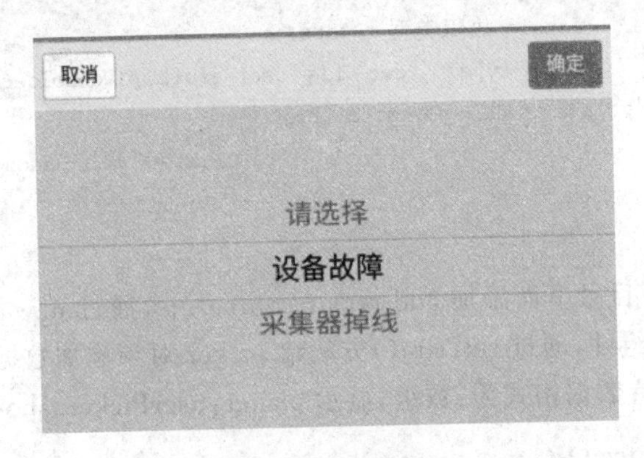

图 6-3　运行效果

```
var dtPicker = new mui.DtPicker(options);
```

显示 picker：

```
dtPicker.show(SelectedItemsCallback)
```

限定时间代码如下：

```
btnTime:function () {
    var dtPicker = new mui.DtPicker();
    dtPicker.show(function (rs) {
        btnTimeT.value = rs.text;
        App.data_v.LIMIT_TIME = rs.text;
    })
},
```

运行效果如图 6-4 所示。

图 6-4　日期选择界面

更多日期选择器内容，请参考：http://dev.dcloud.net.cn/mui/ui/#dtpicker。

多图片上传

多图片上传，其实就是调用了各种 H5＋API。这里封装了一个 js 库：multipleUploader. js。

1. 弹出选择对话框

nativeUI 管理系统原生界面，可用于弹出系统原生提示对话框窗口、时间日期选择对话框和等待对话框等。

方法：

actionSheet：弹出系统选择按钮框；

alert：弹出系统提示对话框；

confirm：弹出系统确认对话框；

closeWaiting：关闭系统等待对话框；

closeToast：关闭自动消失的提示消息；

previewImage：预览图片；

showWaiting：显示系统等待对话框；

pickDate：弹出系统日期选择对话框；

pickTime：弹出系统时间选择对话框；

prompt：弹出系统输入对话框；

toast：显示自动消失的提示消息；

actionSheet：弹出系统选择按钮框。

```
NativeUIObj plus.nativeUI.actionSheet(actionsheetStyle,actionsheetCallback);
```

说明：

从底部动画弹出系统样式选择按钮框，可设置选择框的标题和按钮文字等。弹出的提示框为非阻塞模式，用户单击选择框上的按钮后关闭，并通过 actionsheetCallback 回调函数通知用户选择的按钮。

参数：

actionsheetStyle：（ActionSheetStyles）必选，选择按钮框显示的样式；

actionsheetCallback：（ActionSheetCallback）可选，选择按钮框关闭后的回调函数。

看下调用代码，代码如下：

```
/**
 * 1.选取图片的来源，拍照和相册
 * @param {Object} conf：(图片对象){id:string,multiple:Boolean,imgCount:int}
 */
function showActionSheet(conf) {
    var divid = conf.id;
```

```
    conf.imgCount = conf.imgCount||5;//默认限制最多上传5张图片
    showDetaiFun = conf.showDetaiFun;
    callBackFun = conf.callBackFun||undefined;
     if(conf.type == 'paizhao') {
        getImage(divid,conf);
    } else {
        var actionbuttons = [{
            title:"拍照"
        },{
            title:"相册选取"
        }];
        var actionstyle = {
            title:"选择照片",
            cancel:"取消",
            buttons:actionbuttons
        };
        plus.nativeUI.actionSheet(actionstyle,function(e) {
            if(e.index == 1) {
                getImage(divid,conf);
            } else if(e.index == 2) {
                galleryImg(divid,conf);
            }
        });
    }
}
```

2. 从相册获取照片

IO模块管理本地文件系统，用于对文件系统的目录浏览、文件的读取和文件的写入等操作。通过plus.io可获取文件系统管理对象。

resolveLocalFileSystemURL：通过URL参数获取目录对象或文件对象。

```
void plus.io.resolveLocalFileSystemURL(url,succesCB,errorCB);
```

说明：

快速获取指定的目录或文件操作对象，如通过URL值"_www/test.html"可直接获取文件操作对象。URL值可支持相对路径URL、本地路径URL、网络路径URL(http://localhost:13131/开头)。获取指定的文件或目录操作对象，成功则通过succesCB回调返回，如果指定URL路径或文件不存在则失败，通过errorCB回调返回。

参数：

url:(DOMString) 必选，要操作文件或目录的URL地址；

succesCB:(FileResolveSuccessCallback) 必选,获取操作文件或目录对象成功的回调函数;

errorCB:(FileErrorCallback) 可选,获取操作文件或目录对象失败的回调函数返回值;

void:无。

从相册获取图片的示例代码如下:

```
/**
 * 2. 从相册获取
 * @param {string} divid:(图片 id)
 * @param {string} multiple:是否多选
 * @param {int} 限制上传图片数
 */
function galleryImg(divid,conf) {
    if(conf.multiple == undefined || conf.multiple == false) { //单选
        plus.gallery.pick(function(p) {
            plus.io.resolveLocalFileSystemURL(p,function(entry) {
                compressImage(entry.toLocalURL(),entry.name,divid);
                sltImgCount = 1;
                if(callBackFun!= undefined){
                  callBackFun('sltImgEl',sltImgCount);
                }
            },function(e) {
                plus.nativeUI.toast("读取相册文件错误:" + e.message);
            });
        },function(e) {
            console.log("取消选择图片");
        },{
            multiple:false,
            filename:"_doc/camera/",
            filter:"image"
        });
    } else {
        plus.gallery.pick(function(p) {
            var zm = 0;
            sltImgCount += p.files.length; console.log(p.files.length);
            if (sltImgCount > conf.imgCount) {
                mui.toast('最多只能选择' + conf.imgCount + '张图片');
                sltImgCount -= p.files.length;
                return;
            }
```

```
                setTimeout(file,200);
                if(callBackFun!= undefined){
                callBackFun('sltImgEl',sltImgCount);}
                function file() {
                    plus.io.resolveLocalFileSystemURL(p.files[zm],function(entry) {
                        compressImage(entry.toLocalURL(),entry.name,divid);
                    },function(e) {
                        plus.nativeUI.toast("读取相册文件错误:" + e.message);
                    });
                    zm++;
                    if(zm <p.files.length) {
                        setTimeout(file,200);
                    }
                }
            },function(e) {
                console.log("取消选择图片");
            },{
                filename:"_doc/camera/",
                filter:"image",
                multiple:true,
                maximum:conf.imgCount,
                system:false,
                onmaxed:function () {
                    mui.toast('最多只能选择' + conf.imgCount + '张图片');
                    //plus.nativeUI.alert('最多只能选择'+conf.imgCount+'张图片');
                }
            });
        }
}
```

3. 调用手机摄像头拍照

Camera 模块管理设备的摄像头,可用于拍照和摄像等操作,通过 plus.camera 获取摄像头管理对象。

方法:

getCamera:获取摄像头管理对象。

对象:

Camera:摄像头对象;

CameraOptions:JSON 对象,调用摄像头的参数;

PopPosition:JSON 对象,弹出拍照或摄像界面指示位置。

回调方法:

CameraSuccessCallback：调用摄像头操作成功回调；

CameraErrorCallback：摄像头操作失败回调。

需要注意的是，如果使用手机照相机功能，需要在 HBuilder 中配置 H5+功能权限模块。打开项目中的配置文件 manifest.json，在 permissions 节点中添加如下配置，代码如下：

```
"Camera":{
    "description":"摄像头"
},
```

拍照示例代码如下：

```
/**
 * 拍照 （图片 id）
 * @param {string} divid:(图片 id)
 */
function getImage(divid,conf) {
    var cmr = plus.camera.getCamera();
    if(sltImgCount > = conf.imgCount){
        mui.toast('最多只能选择'+ conf.imgCount + '张图片');
        return;
    }
    cmr.captureImage(function(p) {
        //alert(p);//_doc/camera/1467602809090.jpg
        plus.io.resolveLocalFileSystemURL(p,function(entry) {          //alert(en-
try.toLocalURL());//file:///storage/emulated/0/Android/data/io.dcloud...../doc/camera/
1467602809090.jpg
            //alert(entry.name);//1467602809090.jpg
            compressImage(entry.toLocalURL(),entry.name,divid);
            sltImgCount + = 1;
            if(callBackFun!= undefined){
                callBackFun('sltImgEl',sltImgCount);
            }
        },function(e) {
            plus.nativeUI.toast("读取拍照文件错误：" + e.message);
        });
    },function(e) {},{
        filename:"_doc/camera/",
        index:1
    });
}
```

4. 压缩图片

从上面的代码中，可以看到不管是拍照，还是从相册中选择图片，都调用了compressImage方法，这个方法可以对图片进行压缩。重点是，选择用手机拍的照片总是好几兆甚至上十兆，如果直接把原图进行上传的话，无疑会影响用户体验。而实际上，通常并不需要原图，只需要一个压缩后的高清图就可以了。

Zip模块管理文件的压缩和解压，通过plus.zip可获取压缩管理对象。

方法：

compress：压缩生成Zip文件；

decompress：解压缩Zip文件；

compressImage：图片压缩转换。

对象：

CompressImageOptions：JSON对象，配置图片压缩转换的参数；

ClipImageOptions：JSON对象，图片裁剪区域的参数。

回调方法：

CompressImageSuccessCallback：图片压缩转换操作成功回调接口；

ZipSuccessCallback：操作成功回调函数接口，在解压Zip文件或压缩成Zip文件成功时调用；

ZipErrorCallback：操作错误回调函数接口，在解压Zip文件或压缩成Zip文件失败时调用。

在使用图片压缩功能时，同样需要在HBuilder中配置H5＋功能权限模块。打开项目中的配置文件manifest.json，在permissions节点中添加如下配置，代码如下：

```
"Zip":{
    "description":"压缩与解压"
},
```

我们看下compressImage方法，代码如下：

```
 * 3.压缩图片
 * @param {string} url:图片绝对路径
 * @param {string} filename:图片名称
 * @param {string} divid:图片容器 id
 */
function compressImage(url,filename,divid) {
    console.log(url); //file:///storage/emulated/0/Pictures/Screenshots/S70915 -
001739.jpg
    var path = "_doc/upload/" + divid + "-" + g.getCurrentTimeFormat() +
filename; //_doc/upload/F_SMP-1467602809090.jpg
    plus.zip.compressImage({
```

```
            src:url,//src:(String 类型)压缩转换原始图片的路径
            dst:path,//压缩转换目标图片的路径
            quality:20,//quality:(Number 类型)压缩图片的质量,取值范围为 1～100
            overwrite:true //overwrite:(Boolean 类型)覆盖生成新文件
        },
        function (event) {
            //检查图片是否已存在
            plus.io.resolveLocalFileSystemURL(path,function (entry) {
                var compress_path = entry.toLocalURL();
                                                //输入图片的路径,将相对路径转换为绝对路径
                fullLocalImgUrl = compress_path;
                localImgUrl = path;
                console.log('compress_path:' + compress_path);
                //event.target 获取压缩转换后的图片 url 路
                saveimage(event.target,divid,filename,compress_path);
                //其他逻辑
            },function (e) {
                //本地保存失败逻辑
            });
        },
        function(error) {
            plus.nativeUI.toast("压缩图片失败,请稍候再试");
        });
}
```

5. 临时存储压缩图片

下一步就是将压缩后的图片临时存储在一个地方,这里将其存储到数组对象 smpImgArray 中。

```
//4.保存信息到本地
/**
 * @param {string} url    图片的地址
 * @param {string} divid   字段的名称
 * @param {string} name    图片的名称
 * @param {string} path   压缩转换目标图片的路径
 */
function saveimage(url,divid,name,path) {
    //alert(url);//file:///storage/emulated/0/Android/data/io.dcloud...../doc/upload/F_SMP-1467602809090.jpg
    plus.nativeUI.showWaiting();
    smpImgArray.push(path);
    console.log('path:' + path); //_doc/upload/F_SMP-1467602809090.jpg
```

```
        if(showDetaiFun == undefined) {
            showImgDetail(name,divid,url,path);
        } else {
            smpCurUrl = url;
            showDetaiFun(name,divid,url,path);
        }
        plus.nativeUI.closeWaiting()
    }
```

6. 展示选择或者拍照的压缩图片

将压缩后的图片显示到界面中,代码如下:

```
    /**
     * 5.加载页面初始化需要加载的图片信息
     * @param {string} name 图片名称:1467602809090.jpg
     * @param {string} divid 字段例如:F_SMP
     * @param {string} url "file:///storage/emulated/0/Android/data/io.dcloud.HBuild-
er/.HBuilder/Apps/HBuilder/doc/upload/F_SMP-1467602809090.jpg"
     * @param {string} path :_doc/upload/F_SMP-1467602809090.jpg
     */
    function showImgDetail(name,divid,url,path) {
        name = name.substring(0,name.indexOf(".")); //1467602809090
        var html = "";
        html += '<div  id="Img' + name + divid + '" class="image-item"> ';
        html += '     <img id="picBig" data-preview-src="" data-preview-group="
1" src="' + url + '"/> ';
        html += '     <span class="del" onclick="delImg(\'' + name + '\',\'' + divid
 + '\',\'' + path + '\');"> ';
        html += '          <div class="mui-icon mui-icon-close"></div> ';
        html += '     </span> ';
        html += '</div> ';
        //console.log("#" + divid + "S")//#F_SMPS
        document.getElementById(divid + "S").innerHTML += html;
        //console.log(document.getElementById(divid + "S").innerHTML)
    }
```

7. 上传图片

Uploader 模块管理网络上传任务,用于从本地上传各种文件到服务器,并支持跨域访问操作。通过 plus.uploader 可获取上传管理对象。Uploader 上传使用 HTTP 的 POST 方式提交数据,数据格式符合 Multipart/form-data 规范,即 rfc1867(Form-based File Upload in HTML)协议。

方法：

createUpload：新建上传任务；

enumerate：枚举上传任务；

clear：清除上传任务；

startAll：开始所有上传任务。

对象：

Upload：Upload 对象管理一个上传任务；

UploadEvent：上传任务事件类型；

UploadState：上传任务的状态，Number 类型；

UploadOptions：JSON 对象，创建上传任务的参数；

UploadFileOptions：JSON 对象，添加上传文件的参数。

回调方法：

UploadCompletedCallback：上传任务完成时的回调函数；

UploadStateChangedCallback：上传任务状态变化回调函数，在上传任务状态发生变化时调用；

UploadEnumerateCallback：枚举上传任务回调函数，在枚举上传任务完成时调用。

createUpload：新建上传任务

```
Upload plus.uploader.createUpload(url,options,completedCB);
```

说明：

请求上传管理创建新的上传任务时，创建成功则返回 Upload 对象，用于管理上传任务。

参数：

url：(String) 必选，要上传文件的目标地址；

上传服务器的 url 地址，仅支持 http 或 https 协议；允许创建多个相同 url 地址的上传任务；

options：(UploadOptions) 可选，上传任务的参数；

可通过此参数设置定义上传任务属性，如请求类型、上传优先级等。

completedCB：(UploadCompletedCallback) 可选，上传任务完成回调函数；

当上传任务提交完成时触发，成功或失败都会触发。

返回值：

Upload：Upload 对象。

(1) addData：添加上传数据

```
Boolean upload.addData(key,value);
```

说明：

向上传任务中添加数据，必须在任务开始上传前调用。以下情况会导致添加上传文件失败：①key 参数中指定的键名在任务中已经存在，则添加失败返回 false；②上传任务已经开始调度，调用此方法则添加失败返回 false。

参数：

key：(String) 必选，添加上传数据的键名；

value：(String) 必选，添加上传数据的键值。

返回值：

Boolean：添加成功返回 true，失败则返回 false。

(2) addFile：添加上传文件

```
Boolean upload.addFile(path,options);
```

说明：

向上传任务中添加文件，必须在任务开始上传前调用。以下情况会导致添加上传文件失败：①options 参数中指定的 key 在任务中已经存在，则添加失败返回 false；②path 参数指定的文件路径不合法或文件不存在，则添加失败返回 false；③上传任务已经开始调度，调用此方法则添加失败返回 false。

参数：

path：(String) 必选，添加上传文件的路径，仅支持本地文件路径。

options：(UploadFileOptions) 必选，要添加上传文件的参数，可通过此参数设置上传任务属性，如文件标识、文件名称、文件类型等。

返回值：

Boolean：添加文件成功返回 true，失败则返回 false。

使用上传功能，需要在 HBuilder 中配置 H5+功能权限模块。打开项目中的配置文件 manifest.json，在 permissions 节点中添加如下配置，代码如下：

```
"Uploader":{
    "description":"文件上传，管理文件上传任务"
},
```

上传图片示例代码：

```
//上传图片
function uploadimge(url,userId,fun) {
    console.log(smpImgArray.length);
    if (smpImgArray.length == 0) {
        fun(null);
        return false;
    }
    var nwaiting = plus.nativeUI.showWaiting();
```

```
        var task = plus.uploader.createUpload(url,{
                method:"POST"
            },
            function(t,status) {
                if(status == 200) {
                    console.log('上传成功:' + JSON.stringify(t));
                    fun(t.responseText);
                } else {
                    console.log('上传失败');
                }
                //plus.nativeUI.closeWaiting();
            }
        );
        task.addData("USERID",userId);
        for(var i = 0; i < smpImgArray.length; i ++ ) {
            var itemkey = smpImgArray[i];
            console.log(itemkey);
            task.addFile(itemkey,{
                key:itemkey
            });
        }
        task.start();
        return true;
    }
```

8. 生成报修工单

为了方便演示,这里直接将生成的维修工单信息存储到本地数据库中,本地数据库采用 SQLite。维修工单表:tb_repairbill_g。

```
Mock.mock(config.AddRepairBill,null,function (options) {
    var _body = JSON.parse(options.body);
    var no = newGuid();
    console.log('no:' + no)
    let obj = {
        "NO":no,
        "ORG_CODE":_body.ORG_CODE,
        "EQT_WORK_ID":"0",
        "IS_URGENCY":_body.IS_URGENCY,
        "STATE":_body.STATE,
        "REPORT_USER_CODE":_body.REPORT_USER_CODE,
        "CREATE_USER_ID":_body.CREATE_USER_ID,
        "REPORT_USER_NAME":_body.REPORT_USER_NAME,
```

```
"REPORT_ROLE_ID":_body.REPORT_ROLE_ID,
"PHONE":_body.PHONE,
"DEPT_CODE":_body.DEPT_CODE,
"FAULT_INFO":_body.FAULT_INFO,
"ADDRESS":_body.ADDRESS,
"SOURCE":"C",
"FAULT_TYPE":_body.FAULT_TYPE,
"LABOR_COST":0,
"PART_COST":0,
"SUMMARY":null,
"RECEIVE_TYPE":0,
"BOOK_TIME":null,
"EQ_ID":null,
"EQP_NAME":null,
"ACCEPT_USER_ID":"1",
"SIGN_TIME":null,
"ACCEPT_TIME":null,
"DISPATCH_USER_ID":null,
"FINISH_SIGN":null,
"FINISH_TIME":null,
"FINISH_INFO":null,
"DISPATCH_TIME":null,
"NEED_HELP":false,
"NEED_DISPATCH":false,
"HELP_SEND_USER_ID":null,
"HELP_SEND_TIME":null,
"CONFIRM_USER_ID":null,
"CONFIRM_TIME":null,
"CONFIRM_STATUS":0,
"CONFIRM_SIGN":null,
"REPORT_TIME":_body.REPORT_TIME,
"PRESS_NUM":0,
"PRESS_FIRST_TIME":"2018-10-11T15:40:40",
"PRESS_LAST_TIME":"2018-10-11T15:40:40",
"MEMO":null,
"DEPT_CODE_NAME":"",
"FAULT_NAME":getNamebyTypeId(_body.FAULT_TYPE),
"REPAIR_USER_NAME":null,
"REPAIR_DEPT_NAME":null,
"MONEY":2,
"HOURS":1,
"IS_WAITING":0,
```

```
        "OTHER_DEV_NAME":null,
        "BUILD_ID":_body.BUILD_ID,
        "LIMIT_TIME":_body.LIMIT_TIME || null,
        "BUILD_NAME":_body.BUILD_NAME,
        "DIST_ID":"440303",
        "IsOverTime":0,
        "sys_updatetime":new Date().toLocaleString()
    };
    console.log('obj:' + JSON.stringify(obj))
    _database.add('tb_repairbill_g',[obj],function (res) {
        console.log("添加维修工单:" + res);//成功
    });
    //添加跟踪记录
    let billExecute = {
        "ID":newGuid(),
        "createdate":"",
        "BILL_NO":no,
        "BUSINESS_TYPE":"R",
        "STATE":'A',
        "CREATE_USER_ID":_body.CREATE_USER_ID,
        "CREATE_TIME":_body.REPORT_TIME,
        "RESULT":"提交报修单",
        "MESSAGE":null,
        "CREATE_TIMEStr":_body.REPORT_TIME,
        "STATE_Text":g.getStatusNameById('A'),
        "UserName":_body.REPORT_USER_NAME,
        "RoleName":null,
        "OpeType":null,
        "sys_updatetime":"0001-01-01T00:00:00"
    }
    addBillExecute(billExecute);
    return { "StatusCode":200,"Message":null,"Data":no };
});
```

生成报修工单之后，还需要添加工单的跟踪记录，方便跟踪工单的状态和进度。

HTML 界面代码：

```
<div class="collapse-content img-container" style="height:158px;">
    <label class="row-label"> </label>
    <div id='F_SMPS' class="row image-list">
        <!-- <i class="fl require"> * </i> -->
        <a id="F_SMP">
            <span class="mui-icon mui-icon-camera paizhao"> </span>
```

```
                <! --v-on:tap="showActionSheetFun()"-->
            </a>                                                   <div v - show = " imgItem-
List.length> 0" v-for="item in imgItemList" v-bind:id="'Img' + item.name + item.divid"
class="image-item">
                <img id="picBig" data-preview-src="" data-preview-group="1" v-
bind:src="item.url" />
                <span class = " del" v - on: tap = " delImg ( item. name, item. divid, item.
path);">
                    <i class="mui-icon mui-icon-close"> </i>
                </span>
            </div>
        </div>
    </div>
```

注意看上述代码，会发现我注释了代码 v-on:tap＝"showActionSheetFun()，在前面的 showImgDetail 方法中，为 id 是 F_SMPS 的元素设置了 innerHTML，这个方法存在什么问题呢？在这个方法中动态生成的图片节点，如果想要在界面中再次编辑的话，单击事件是无效的。如果新的界面不需要编辑得像这个界面一样，可以去掉“<div v－show＝"imgItemList.length > 0"…”这个 div，而直接调用 showActionSheetFun 这个方法。但是为了兼容后面可能会出现的编辑多图片上传的情况，此处基本上将 showActionSheetFun 这个方法废弃了，那也意味着 showImgDetail 这个方法被废弃了，我通过传入一个回调函数 showDetaiFun 来给 imgItemList 对象赋值。调用代码如下：

```
document.getElementById('F_SMP').addEventListener('tap',function () {
    showActionSheet({
        id:'F_SMP',
        multiple:true,
        imgCount:6,
        showDetaiFun:function (name,divid,url,path) {
            var _ temp = { name: name, divid: divid, url: url, path: path };
_self.imgItemList.push(_temp);
        }
    });
});
```

9. 图片预览及缩放

当选择了多张图片，如果想要预览这些图片，怎么办？在 MUI 中内置了 H5 版本的图片预览和缩放，但是要引入如下两个 js 文件，看名称就知道，mui.zoom.js 是缩放的 js 库，mui.previewimage.js 是预览的 js 库，由于这两个库都依赖于 MUI，所以它们要在 mui.js 之后引用：

```
<script type="text/javascript" src="../../js/libs/mui.zoom.js"></script>
<script type="text/javascript" src="../../js/libs/mui.previewimage.js"></script>
```

在 img 中添加如下两个属性 data-preview-src 和 data-preview-group。data-preview-group 用于对图片进行分组，如果一个界面中存在多组图片可以设置此属性进行分组。data-preview-src 是预览图片的地址，如果未空则会显示 src 中的地址，如果存在高清原图，可以在 data-preview-src 这个属性上设置原图的地址。

```
<img id="picBig" data-preview-src="" data-preview-group="1" v-bind:src="item.url" />
```

接下来调用"mui.previewImage();"即可。

读者也可以使用 5+runtime 提供的原生图片预览，详细请参考 plus.nativeUI.previewImage 的相关文档。

① HTML 部分

```
<div class="mui-content-padded">
    <img src="../images/1.jpg" />
    <img src="../images/2.jpg" />
    <img src="../images/3.jpg" />
</div>
```

② JavaScript 部分

```
mui.plusReady(function () {
    //获取图片地址列表
    var images = document.querySelectorAll('.mui-content-padded img');
    var urls = [];
    for (var i = 0; i < images.length; i++) {
        urls.push(images[i].src);
    }
    //监听图片的单击事件
    mui('body').on('tap','img',function () {
        //查询图片在列表中的位置
        //由于 Dom 节点列表是伪数组,需要处理一下
        var index = [].slice.call(images).indexOf(this);
        plus.nativeUI.previewImage(urls,{
            current:index,
            loop:true,
            indicator:'number'
        });
    });
});
```

在具体实现中,图片地址列表可以在图片信息渲染结束后,就立刻读取;单击某个图片时,只需要查找当前图片在列表中的位置即可。

注意:实际开发中,如果列表信息会动态加载,则每次加载完成后需要更新图片的地址列表。

小技巧:可以通过如下方式直接获取图片缩放预览的示例代码:

打开 HBuilder,新建 Hello MUI 项目,"Hello MUI 首页→image viewer(图片预览)→图片预览(native 模式)"。事实上,在 HBuilder 中已经集成了除官方演示 demo 之外的一些示例项目。

第 7 章

列表和详情

在工单列表中会用到MUI的分页，在App中，通常是通过上拉加载进行分页的，如果要刷新当前页，通常是通过下拉进行刷新。至于工单详情，可以采用MUI中的预加载页面来避免白屏。在做列表和详情展示时，不可忽略的一个场景是，当显示内容超出了一行，那么超出的部分怎么办？通常会面临如下几种选择：

- 用省略号替代；
- 自动换行；
- 直接隐藏。

个人建议：在列表页，重要的信息自动换行展示，如果内容比较多可以考虑用省略号代替。而详情页只要是为了给客户看信息，一律自动换行展示。一般不考虑“直接隐藏”，因为容易造成用户误解，以为没有多余内容了。

7.1 工单列表

工单列表如图7-1所示。

1. 下拉刷新

为实现下拉刷新功能，大多数H5框架都是通过div模拟下拉回弹动画，在低端Android手机上，div动画经常出现卡顿现象（特别是图文列表的情况）；MUI通过使用原生webview下拉刷新解决这个div动画的卡顿问题，并且拖动效果更加流畅；MUI提供两种模式的下拉刷新，分别是单webview模式和双webview模式。

（1）单webview模式说明：

优点：性能更优，体现在两点，一是相比双webview，不创建额外子webview，性能消耗更少；二是下拉拖动过程中不会发生重绘，也减少了性能消耗。

缺点：目前仅支持cricle样式以及该样式的颜色自定义。

（2）双webview模式说明：

优点：可自定义下拉刷新样式，更改文字等。

缺点：相比单 webview，性能消耗更大，不过都比 div 模式要好用。Dom 结构需要统一配置。

在本项目中采用的是单 webview 模式。

(3) 单 webview 模式动画原理：

下拉刷新时，触发的是原生下拉刷新控件，而整个 webview 位置不会发生变化，所以不会在拖动过程中发生 Dom 重绘，当控件拖动到一定位置触发动态加载数据以及刷新操作时，此模式下拉刷新，相比双 webview 模式，不创建额外的 webview，性能更优。

使用方法：MUI 初始化时设置 pullRefresh 各项参数，与双 webview 模式的子页面设置是一样的。

说明：Dom 结构无特殊要求，只需要指定一个下拉刷新容器标识即可。

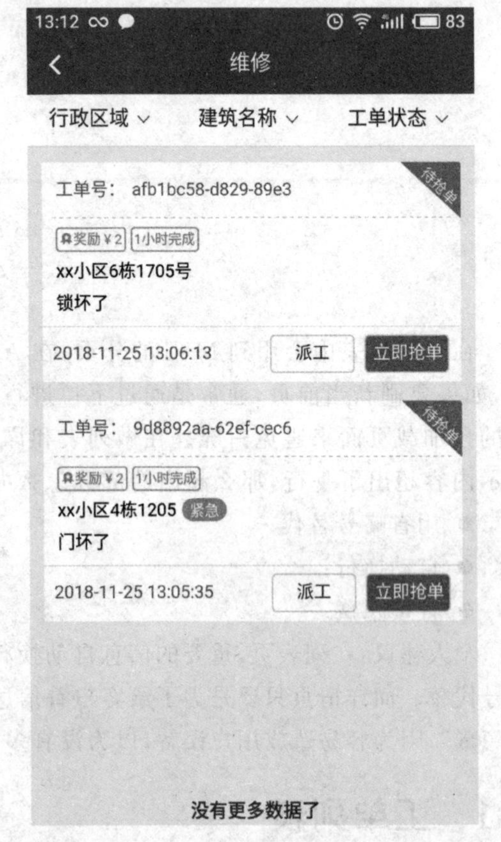

图 7-1　工单列表界面

官方代码说明：

```
mui.init({
    pullRefresh:{
        container:"#refreshContainer",//下拉刷新容器标识，querySelector 能定位的css 选择器均可，比如：id、.class 等
        down:{
            style:'circle',//必选，下拉刷新样式，目前支持原生 5+"circle"样式
            color:'#2BD009',//可选，默认"#2BD009" 下拉刷新控件颜色
            height:'50px',//可选，默认 50px。下拉刷新控件的高度
            range:'100px',//可选，默认 100px，控件可下拉拖拽的范围
            offset:'0px',//可选，默认 0px，下拉刷新控件的起始位置
            auto:true,//可选，默认 false。首次加载自动上拉刷新一次
            callback :pullfresh-function //必选，刷新函数，根据具体业务来编写
                                         //比如通过 ajax 从服务器获取新数据
        }
    }
});
```

运行效果如图 7-2 所示。

图 7-2　运行效果

2. 上拉加载

MUI 的上拉加载和下拉刷新类似，都属于 pullRefresh 插件，使用过程如下：

① 页面滚动到底，显示"正在加载..."提示(MUI 框架提供)；

② 执行加载业务数据逻辑(开发者提供)；

③ 加载完毕，隐藏"正在加载..."提示(MUI 框架提供)。

1）初始化

初始化方法类似下拉刷新，通过 mui.init 方法中的 pullRefresh 参数配置上拉加载各项参数，代码如下：

```
mui.init({
    pullRefresh:{
        container:refreshContainer,
          //待刷新区域标识，querySelector 能定位的 css 选择器均可，比如：id、.class 等
        up:{
            height:50,//可选，默认 50，触发上拉加载拖动距离
            auto:true,//可选，默认 false，自动上拉加载一次
            contentrefresh:"正在加载...",
                            //可选，正在加载状态时，上拉加载控件上显示的标题内容
            contentnomore:'没有更多数据了',
                                //可选，请求完毕若没有更多数据时显示的提醒内容
            callback :pullfresh - function
              //必选，刷新函数，根据具体业务来编写，比如通过 ajax 从服务器获取新数据
            }
        }
});
```

2）结束上拉加载

加载完新数据后，需要执行 endPullupToRefresh()方法，结束转雪花进度条的“正在加载...”过程。

```
.endPullupToRefresh(nomore)
    nomore
    Type:Boolean
```

是否还有更多数据：若还有更多数据，则传入 false，否则传入 true；之后滚动条滚动到底时，将不再显示“上拉显示更多”的提示语，而显示“没有更多数据了”的提示语。

官方示例代码如下：

```
function pullfresh - function() {
    //业务逻辑代码，比如通过 ajax 从服务器获取新数据
    ......
    //注意：
    //①加载完新数据后，必须执行如下代码，true 表示没有更多数据了
    //②若为 ajax 请求，则需将如下代码放置在处理完 ajax 响应数据之后
    this.endPullupToRefresh(true|false);
}
```

3) 重置上拉加载

在部分业务中，有重新触发上拉加载的需求（比如当前类别已无更多数据，但切换到另外一个类别后，应支持继续上拉加载），此时调用“.refresh(true)”方法，可重置上拉加载控件，代码如下：

```
//pullup - container 为在 mui.init 方法中配置的 pullRefresh 节点中的 container 参数
//注意：refresh()中需传入 true
mui('#pullup - container').pullRefresh().refresh(true);
```

4) 禁用上拉刷新

在部分场景下希望禁用上拉加载，比如在列表数据过少时，不想显示“上拉显示更多”“没有更多数据”的提示语，开发者可以通过调用 disablePullupToRefresh()方法实现类似需求，代码如下：

```
//pullup - container 为在 mui.init 方法中配置的 pullRefresh 节点中的 container 参数
mui('#pullup - container').pullRefresh().disablePullupToRefresh();
```

5) 启用上拉刷新

使用 disablePullupToRefresh()方法禁用上拉加载后，可通过 enablePullupToRefresh()方法再次启用上拉加载，代码如下：

```
//pullup - container 为在 mui.init 方法中配置的 pullRefresh 节点中的 container 参数
mui('#pullup - container').pullRefresh().enablePullupToRefresh();
```

以 task-main. html 页面为例，由于有几个界面都要用到这个工单列表，所以此处单独抽出一个 js 文件——work-list. js 放置到 js/App/home 目录下。在 global. js 封装上拉和下拉的方法：

```
//初始化下拉刷新
owner.pullRefreshInit = function (jsonData){
    var id = jsonData.id || '#pullrefresh';
    mui.init({
        pullRefresh:{
            container:id,
            down:{                      //下拉刷新
                style:'circle',
                offset:'0px',
                //auto:true,          //可选,默认 false,自动下拉刷新一次
                callback:jsonData.pulldownRefresh
            },
            up:{                        //上拉加载
                //auto:true,
                //height:100,         //可选,默认 50,触发上拉加载拖动距离
                callback:jsonData.pullupRefresh
            }
        }
    });
}
```

在 work-list. js 中查看完整的代码：

```
//初始化上拉下拉
g.pullRefreshInit({
    pulldownRefresh:pulldownRefresh,
    pullupRefresh:pullupRefresh
});
//下拉刷新
function pulldownRefresh() {
    mui('#pullrefresh').pullRefresh().refresh(true);
    setTimeout(function () {
        pageIndex = 0;
        initSearch(pageIndex,pageSize);
        operatorType = 1;
        toList(operatorType);                       //具体取数据的方法
    },100);
}
/**
```

```
 * 上拉加载具体业务实现
 */
function pullupRefresh() {
    setTimeout(function () {
        pageIndex++;                                //翻下一页
        initSearch(pageIndex,pageSize);
        operatorType = 2;                           //代表上拉加载
        toList(operatorType);                       //具体取数据的方法
    },100);
}
//分页
function initSearch(pageIndex,pageSize) {
        App.w_repair.start = pageIndex;             //刷新并显示第一页
        App.w_repair.pageSize = pageSize;
}
//条件获取列表
function toList(type) {
    var nwaiting = window.plus == undefined ? null:plus.nativeUI.showWaiting();
    var v = {},
        if (config.isMock) {
            var _where = "where 1 = 1";
            if (v.buildId) {
                _where += " and BUILD_ID = '" + v.buildId + "'";
            }
            if (v.districtId) {
                _where += " and DIST_ID = '" + v.districtId + "'";
            }
            if (v.state) {
                _where += " and STATE = '" + v.state + "'";
            }
            if (from == 'waitdo') {
                _where += " and STATE <> 'E'";  //待处理工单列表
            } else if (from == 'repair') {
                _where += " and CREATE_USER_ID = '" + config.USER_ID + "'";
//报修人员工单列表
            }
              _where += " ORDER BY REPORT_TIME DESC limit " + pageSize + " offset "
+ (pageIndex - 1) * pageSize;
            _database.read('tb_repairbill_g',_where,function (res) {
                let data = {
                    "StatusCode":200,
                    "Message":null,
```

```
                    "Data":{
                        "lstData":res,
                        "recc":res.length
                    }
                };
                successFunc(type,data);
            });
        }
    }
};
//结束上拉下拉
function funEndPullRefresh() {
    if (mui('#pullrefresh').pullRefresh() != false) {
        mui('#pullrefresh').pullRefresh().endPulldownToRefresh(); //结束下拉刷新
        mui('#pullrefresh').pullRefresh().endPullupToRefresh(true); //结束上拉
    }
}
function successFunc(type,data) {
    var dv = [];
    if (data != null && data.Data != null && data.Data.lstData != null) {
        for (var i = 0; i <data.Data.lstData.length; i++) {
            var d = {};
            d.ACCEPT_USER_ID = data.Data.lstData[i].ACCEPT_USER_ID;
            d.CREATE_USER_ID = data.Data.lstData[i].CREATE_USER_ID;
            d.orderNumber = data.Data.lstData[i].NO;
            d.status = data.Data.lstData[i].STATE;
            d.money = data.Data.lstData[i].MONEY;
            d.hour = data.Data.lstData[i].HOURS;
            if (App.$data.typeid == TaskType.repair.value) {
                d.IsOverTime = data.Data.lstData[i].IsOverTime;
                d.title = data.Data.lstData[i].BUILD_NAME;
                d.msg = data.Data.lstData[i].FAULT_INFO;
                d.datetime = g.formatDate(data.Data.lstData[i].REPORT_TIME,'YMDHMS');
                d.PRESS_NUM = data.Data.lstData[i].PRESS_NUM; //催单次数
                d.IS_URGENCY = data.Data.lstData[i].IS_URGENCY;
                d.IS_WAITING = data.Data.lstData[i].IS_WAITING;
                                                    //这里添加是否待处理
            }
            dv.push(d);
            dvAll.push(d);
        }
```

```
        if (isfirst != 'home/') {
            App. $ data.menus = g.getCount(App. $ data.menus,'');
        } else {
            isfirst = '';
        }
    }
    if (type == 1) { //下拉刷新
        App. $ data.list = dv;
        dvAll = dv;
        if (mui('#pullrefresh').pullRefresh()) {
            mui('#pullrefresh').pullRefresh().endPulldownToRefresh(); //结束下拉刷新
        }
    }
    if (type == 2) { //上拉加载
        App. $ data.list = dvAll;
    }
    if (type == 0) {
        App. $ data.list = dv;
    }
    endPull(data.Data.recc);
}
```

7.2 工单详情

不同工单的详情页面展示，其数据来源是一致的，只是展示界面会根据工单的状态有所区别，因此可以考虑使用预加载的方式来加载详情页。

所谓的预加载技术就是在用户尚未触发页面跳转时，提前创建目标页面，这样当用户跳转时，就可以立即进行页面切换，节省创建新页面的时间，提升 App 使用体验。MUI 提供两种方式实现页面预加载。

(1) 方式一：通过 mui.init 方法中的 preloadPages 参数进行配置。

```
mui.init({
    preloadPages:[
      {
          url:prelaod - page - url,
          id:preload - page - id,
          styles:{},//窗口参数
          extras:{},//自定义扩展参数
          subpages:[{},{}]//预加载页面的子页面
      }
```

```
    ],
    preloadLimit:5//预加载窗口数量限制(一旦超出,先进先出)默认为不限制
});
```

该种方案使用简单、可预加载多个页面,但不会返回预加载每个页面的引用,若要获得对应的 webview 引用,还需要通过 plus. webview. getWebviewById 方式获得;另外,因为 mui. init 是异步执行,执行完 mui. init 方法后立即获得对应的 webview 引用,但可能会失败,例如如下代码:

```
mui.init({
    preloadPages:[
      {
          url:'list.html',
          id:'list'
      }
    ]
});
var list = plus.webview.getWebviewByid('list');//这里可能返回空
```

(2) 方式二:通过 mui. preload 方法预加载。

```
var page = mui.preload({
    url:new - page - url,
    id:new - page - id,        //默认使用当前页面的 url 作为 id
    styles:{},                 //窗口参数
    extras:{}                  //自定义扩展参数
});
```

通过 mui. preload()方法预加载,可立即返回对应的 webview 引用,但一次仅能预加载一个页面;若需加载多个 webview,则需多次调用 mui. preload()方法。

如上两种方案各有优劣,需根据具体业务场景灵活选择。这里的工单详情采用的就是方式二。由于有好几个界面用到了工单详情,因此这里将工单详情的 js 部分提取出来独立建立一个 work-detail. js 文件,这个文件在 js/App/home 目录下。

在 pages/home 下面新建 repair 目录,然后在 repair 目录下面新建 order-detail. html 详情页面,这个页面是所有角色共用的。那么不同角色在不同状态下,这个界面的显示也是不一样的。角色有四种,分别是项目经理、班组长、维修人员和报修人员,状态有三种(已撤单的工单,界面不会显示;已结束的工单所有角色显示的结果都一样),分别是待抢单、已签到和待完工,那么组合一下就是 4×3=12 种情形。看上去情形这么多,其实还可以再简化,因为相同工单状态的不同角色,界面显示信息是一样的,只是操作按钮不一样。那么又可以简化为界面展示情形:1×4=4 种状态,这里包括已结束状态;按钮展示情形:4×3=12 种。

由于本项目操作权限只控制在界面级别,所以按钮级别的权限是直接通过代码

判断的,如果是比较复杂的项目,建议配置到按钮级别权限。

举个例子,以“待抢单”状态为例,假设是项目经理报修的维修工单。

说明:同样的工单状态枚举值A,如果是项目经理显示“待派工”,其他角色显示“待抢单”。项目经理工单详情界面如图7-3所示。

班组长工单详情界面操作按钮如图7-4所示。

运维人员工单详情界面操作按钮如图7-5所示。

报修人员工单详情界面操作按钮如图7-6所示。

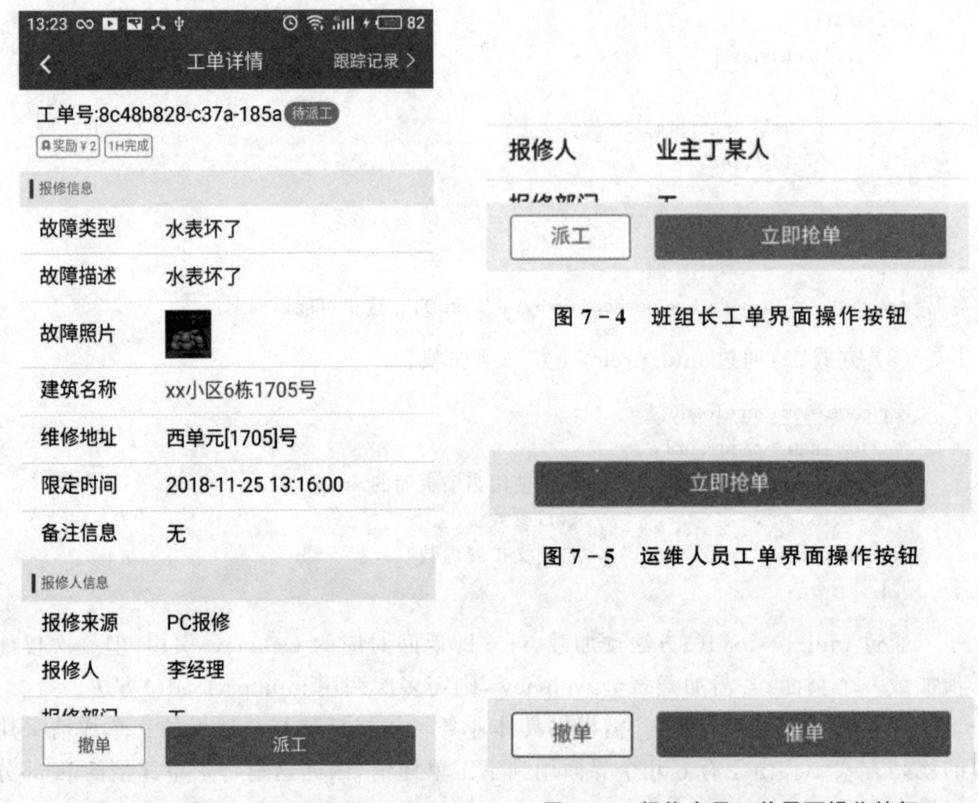

图7-3　项目经理工单界面

图7-4　班组长工单界面操作按钮

图7-5　运维人员工单界面操作按钮

图7-6　报修人员工单界面操作按钮

报修人员只能看到自己报修的工单,项目经理和班组长可以看到项目下面所有的工单,维修人员可以看到项目下所有待抢单状态的工单和自己受理的工单。

在work-detail.js中添加监听事件,来接收列表页传递过来的参数,代码如下:

```
function initEvent(vm) {
    //添加 showPage 自定义事件监听
    window.addEventListener('showPage',function (event) {
        g.showWaiting();
        //获得事件参数
```

```
        var uid = event.detail.orderNumber;
        if (uid == null || uid == "") {
            return;
        }
        var _typeid = event.detail.typeid;
        var _isOverTime = event.detail.IsOverTime || '';
        var statusid = event.detail.statusid;
        var money = event.detail.money;
        var hour = event.detail.hour;
if (vm.getDetail != undefined && vm.getDetail != '') { //非报修单
            vm.getDetail();
            return;
        }
......
```

在 work-list.js 中，通过 mui.fire 方法向预加载的子界面进行传值，注意事件名 'showPage' 要保持一致，这个事件名可以自定义。代码如下：

```
//打开详情
function open_detailFun(item,_from) {
    if (_from) {
        from = _from;
    }
    mui.fire(currentPreVw,'showPage',{
        typeid:App.typeid,
        orderNumber:item.orderNumber,
        statusid:item.status,
        money:item.money,
        hour:item.hour,
        ACCEPT_USER_ID:item.ACCEPT_USER_ID,
        CREATE_USER_ID:item.CREATE_USER_ID,
        IsOverTime:item.IsOverTime,
        IS_WAITING:item.IS_WAITING,
        frompage:_from || '',
        PRESS_NUM:item.PRESS_NUM || ''
    });
    setTimeout(function () {
        currentPreVw.show("slide-in-right",300);
    },150);
}
```

列表中的一些信息可以直接传到详情页中，然后在详情页就可以根据工单号去查询更多的详细信息。前面代码中出现的 getDetail 方法便是用于获取工单详情的，这个方法放在 order-detail.html 页面中。因为业务类型的工单详情页面不一样，业务逻辑也可能不一样，getDetail 代码如下：

```
//获取详情
getDetail:function () {
    vm.files = [];
    vm.data_r = [];
    vm.data_money = {};
    if (g.getNetStatus()) {
        if (config.isMock) {
        //获取维修工单基础信息
            _database.read('tb_repairbill_g',"where NO = '" + nav.uid + "'",function
(res) {
                let data = {
                    "StatusCode":200,
                    "Message":null,
                    "Data":res
                };
                if (data.Data.length > 0) {
                    vm.data_r = data.Data[0];
                    if (vm.data_r.hasOwnProperty('BOOK_TIME')) {
                        vm.data_r.BOOK_TIME = g.formatDate(vm.data_r.BOOK_TIME,
'YMDHMS');
                    }
                    vm.getBuildInfo(vm.data_r.BUILD_ID);
                }
            });
            //获取工单的图片
            _database.read('tb_billfile_g',"where BILL_NO = '" + nav.uid + "'",func-
tion (res) {
                let data = {
                    "StatusCode":200,
                    "Message":null,
                    "Data":res
                };
                vm.files = data.Data;
            });
    } else { //真实应用场景下应该直接调用 API 接口
            g.ajax(config.GetRepairBill,{
                data:vm.where,
                success:function (data) {
                    if (data.Data.length > 0) {
```

```
                        vm.data_r = data.Data[0];
                        if (vm.data_r.hasOwnProperty('BOOK_TIME')) {
                            vm.data_r.BOOK_TIME = g.formatDate(vm.data_r.BOOK_
TIME,'YMDHMS');
                        }
                        vm.getBuildInfo(vm.data_r.BUILD_ID);
                    }
                }
            });
            g.ajax(config.GetBillFile,{
                data:{
                    BILL_NO:vm.where.NO,
                    BUSINESS_TYPE:BillType.wx.value
                },
                success:function (data) {
                    vm.files = data.Data;
                }
            });
        }
    } else { //离线状态下
        _database.read(smp_tb.repair_tb,"where NO = '" + vm.where.NO + "'",function
(res) {
            vm.data_r = res[0];
            if (vm.data_r.hasOwnProperty('BOOK_TIME')) {
                vm.data_r.BOOK_TIME = g.formatDate(vm.data_r.BOOK_TIME,'YMDHMS');
            }
        });
        _database.read(smp_tb.img_tb,"where NO = '" + vm.where.NO + "'",function
(res) {
            vm.files = res;
        });
        g.closeWaiting();
        if (nwaiting) {
            nwaiting.close();
        }
    }
},
```

在上述代码中，分了几种情况，在有网情况下，如果是采用 mock，则从本地数据库中取数据，如果是生产应用则直接调用 API 接口。在无网离线状态下，则从离线存储相关的表中读取工单信息。本项目为了演示，都采用 mock 模式。

第 8 章

抢单派工签到

这一章主要讲述工单的几个基本操作。抢单和派工其实是非常类似的，看上去一个是主动操作，一个是被动操作，其实最终的差别只在于：由谁来处理工单。

8.1 抢 单

当工单刚刚生成时，维修人员和班组长可以进行抢单操作，但是如果是自己报修的工单，则不能自己抢单。抢单按钮在列表页和详情页当中都有。

以班组长角色在工单列表中的抢单为例，waitdo-task-main. html 界面的 HTML 代码如下：

```
<div v - if = "item. status = = WorkOrderStatus. waitOrder. value&&roleid = = comm. leader"
class = "divWaitDispatching" v - cloak >
    <button type = "button" v - on: tap = "dispatching(item, 'P', false)" class = "mui -
btn mui - xbtn - primary mui - btn - outlined b1"> 派工 </button>
    <button type = "button" v - show = "item. CREATE_USER_ID != config. USER_ID" v - on:
tap = "grabOrder(item)" class = "mui - btn mui - xbtn - primary"> 立即抢单 </button>
</div>
```

js 代码如下：

```
//抢单
grabOrder: function(item) {
    grabOrderFun(item);
},
//抢单
function grabOrderFun(item) {
    var v = {},
        api = '';
    var userId = config. USER_ID;
    if (App. typeid = = TaskType. repair. value) {
        v = JSON. stringify({
            NO: item. orderNumber,
            HELP_SEND_USER_ID: userId,
```

```
            STATE:WorkOrderStatus.waitSignin.value,
            HELP_SEND_TIME:g.formatDate('D','YMDHMS'),
            ORG_CODE:config.ORG_CODE,
            ACCEPT_USER_ID:userId
        });
        api = config.AssignPersonRepair;
    } else {
        return;
    }
    g.ajax(api,{
        data:v,
        type:'post',                                //HTTP 请求类型
        success:function (data) {
            console.log('抢单:' + JSON.stringify(data));
            if (data.StatusCode == '200' && data.Data == '1') {
                mui.toast('抢单成功');
                refleshView(-1,item.orderNumber,WorkOrderStatus.waitSignin.value,
App.typeid);
                if (persons) {
                    persons.getUsers(persons);
                }
            } else {
                mui.toast('该工单已被抢完,去看看其他工单吧!');
            }
        }
    })
}
```

在 mockdata.js 中 mock 抢单操作的代码如下:

```
//添加跟踪记录
function addBillExecute(data) {
    _database.add('tb_billexecute_g',[data],function (res) {
        console.log("添加跟踪记录:" + res);          //成功
    });
}
//添加执行人工单数 tb_executeuser_g
function addExecuteBillNums(userid) {
    _database.read('tb_executeuser_g',"where USER_ID = '" + userid + "'",function
(res) {
        if (res != [] && res.length > 0) {
            var _TaskQty = parseInt(res[0].TaskQty);
            _TaskQty = _TaskQty + 1;
```

```
                let obj = { "TaskQty":_TaskQty };
                _database.update('tb_executeuser_g',"USER_ID",userid,obj,function (res1)
{
                });
            }
        });
    }
    //抢单/派工 AssignPersonRepair
    Mock.mock(config.AssignPersonRepair,null,function (options) {
        var _body = JSON.parse(options.body);
        //本地修改工单状态、更新时间
        _database.update('tb_repairbill_g','NO',_body.NO,{ "STATE":"B","ACCEPT_TIME":g.
operationDate(0),"ACCEPT_USER_ID":_body.ACCEPT_USER_ID,"HELP_SEND_USER_ID":_body.HELP_
SEND_USER_ID,"HELP_SEND_TIME":_body.HELP_SEND_TIME },function (res) {
            console.log("res:" + res);
        });
        //添加跟踪记录
        let obj = {
            "ID":newGuid(),
            "createdate":"",
            "BILL_NO":_body.NO,
            "BUSINESS_TYPE":"R",
            "STATE":'B',
            "CREATE_USER_ID":_body.ACCEPT_USER_ID,
            "CREATE_TIME":g.operationDate(0),
            "RESULT":"分配工作人员",
            "MESSAGE":null,
            "CREATE_TIMEStr":g.operationDate(0),
            "STATE_Text":g.getStatusNameById('B'),
            "UserName":getUserNameByUserId(_body.ACCEPT_USER_ID),
            "RoleName":null,
            "OpeType":null,
            "sys_updatetime":"0001-01-01T00:00:00"
        }
        addBillExecute(obj);
        addExecuteBillNums(_body.ACCEPT_USER_ID);
        return { "StatusCode":200,"Message":null,"Data":1 };
    });
```

需要特别注意的是，代码中有一个 refleshView 方法，这个方法用于在不发送新请求的情况下刷新界面的。因为一旦抢单了，列表界面被抢的工单状态就要发生变化，待处理的工单数量也要减一。进行抢单操作之后，要更新执行人员表，执行人员的待处理任务数要加1。

```
//回调更新,刷新界面(增减工单数,工单号,状态值,是否移除记录)
function refleshView(val,no,status,typeid,isDel,userid) {
    if (App.menus.length > 0) {
        var _index = g.getIndexByTypeId(typeid);
        var taskNum = App.menus[_index].taskNum;
        if (taskNum) {
            var preTaskNum = parseInt(taskNum);
            if (preTaskNum > 0 && val != undefined) {
                var suffTaskNum = preTaskNum - val;
                var curItem = App.menus[_index];
                curItem.taskNum = suffTaskNum;
                Vue.set(App.menus,_index,curItem);
            }
        }
        if (no) {
            if (status && App.list.length > 0) {
                var curOrder = null;
                for (var i = 0; i <App.list.length; i ++ ) {
                    if (no == App.list[i].orderNumber) {
                        if (isDel == true) { //移除记录
                            App.list.splice(i,1);
                        }
                        else {
                            curOrder = App.list[i];
                            curOrder.status = status;
                            if (status == WorkOrderStatus.waitSignin.value) {
                                                        //如果是抢单操作
                                curOrder.ACCEPT_USER_ID = userid == undefined ?
config.USER_ID:userid;
                            }
                            Vue.set(App.list,i,curOrder);
                        }
                        break;
                    }
                }
            }
        }
    }
}
```

工单详情界面的抢单代码与列表界面的基本一致,唯一不同的地方在于对 refleshView 方法的调用。因为工单详情页 order-detail. html 是列表页 waitdo-task-main. html 的子页面,在进行抢单操作时要刷新列表页面,也就是说,在子页面中要调用父页面的方法进行数据刷新,这里的界面称之为 webview,通过获取父 webview 对象,然后调用其 evalJS 方法直接调用父 webview 中的 js 方法。代码如下:

```
mui.plusReady(function () {
        var self = plus.webview.currentWebview();
        owDetail = self.opener();
    });
    owDetail.evalJS("refleshView(-1,'" + nav.uid + "','" + WorkOrderStatus.waitSig-
nin.value + "','" + nav.typeid + "');");
        setTimeout(mui.back(),300);
```

8.2 派工与转单

8.2.1 派 工

工单刚生成时,项目经理和班组长都可以进行派工操作。派工按钮在列表页和详情页都能显示。派工和抢单其实调用的是同一个接口,只是传入的参数不同,抢单就相当于派给自己工单。细心的读者会发现,列表页中按钮的样式和详情页中按钮的样式是对应的。比如,派工按钮的背景色是白色,立即抢单按钮背景色是绿色。列表页和详情页要保持一致。还有就是在详情页中,按钮的宽度会根据按钮的数量来改变,如果只有 2 个按钮时,左侧按钮的宽度大约是右侧按钮的 1/3。如果详情页只有一个按钮时,则按钮的宽度为 80%,并且居中显示。考虑到不同手机宽度以及分辨率有差异,因此按钮的宽度只能采用相对宽度。如图 8-1 和 8-2 所示。

当单击派工时,显示一个弹出层,HTML 代码如下:

```
<button type = "button" v - on:tap = "dispatching(item,'P',true)" class = "mui - btn mui
- xbtn - primary mui - btn - outlined b1"> 派工 </button>
<div id = "popover" class = "mui - popover mui - popover - bottom mui - popover - action">
    <div class = "divHeader">
        执行人员选择
        <a href = "#popover"> <span class = "mui - icon mui - icon - closeempty f -
rigth"> </span> </a>
    </div>
    <div class = "mui - scroll - wrApper" id = "mui - scroll - wrApper">
```

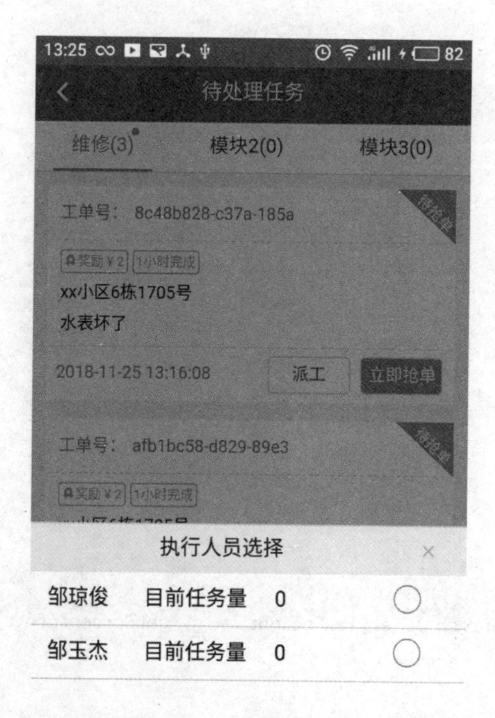

图 8-1　单个按钮时

13:25 82
工单详情　跟踪记录 >
工单号:8c48b828-c37a-185a 待抢单
奖励￥2 1H完成
报修信息
故障类型 水表坏了
故障描述 水表坏了
故障照片
建筑名称 xx小区6栋1705号
维修地址 西单元[1705]号
限定时间 2018-11-25 13:16:00
备注信息 无
报修人信息
报修来源 PC报修
报修人 李经理
派工　立即抢单

图 8-2　多按钮时

```
        <div class="mui-scroll">
        <ul class="mui-table-view do-persons">
            <li v-for="(item,index) in list" class="mui-table-view-cell" v-cloak>
                <span v-html="item.typeName"></span>
                <div class="mui-radio mui-right f-rigth">
                    <input name="cbx" v-bind:id="'cbx_' + item.id" v-bind:value="item.id" type="radio">
                </div>
            </li>
        </ul>
    </div>
</div>
<div class="divFooter">
    <button v-on:tap="btnSure()" class="mui-btn next-btn mui-btn-lightBlue">确认</button>
</div>
```

```
</div>
```

js 代码如下：

```
//派工/转单
dispatching:function (item,tag,isDel) {
    if (persons.list.length == 0) {
        mui.toast('暂无派工人员信息');
        return;
    }
    persons.NO = item.orderNumber;
    persons.typeid = App.typeid;
    persons.isDel = isDel;
    if (tag != undefined) {
        persons.operationType = tag;
    }
    if (App.list.length <3) {
        document.getElementById('pullrefresh').style.height = g.getScreenInfo
('height') + 1 + 'px'; //classList.contains('mui-active')
    }
    window.scrollTo(1,1);
    mui('#popover').popover('toggle'); //show hide toggle
    persons.getUsers(persons);
},
```

至于上述代码中的 persons 对象是从哪里来的，此处独立封装了一个 divWait-Dispatching.js。因为有多处地方用到了派工，所以我将可以复用的 js 提取出来。细心的读者可能会发现一行很奇怪的代码，如下所示：

```
document.getElementById('pullrefresh').style.height = g.getScreenInfo('height') + 1
+ 'px';
```

这又是为何？当单 webview 上拉下拉和弹出菜单共用时，如果弹出菜单中有滚动条，当用户上下滑动滚动条时，会和 webview 中的上拉下拉冲突。也就是说，本来我只想在弹出菜单中上下翻动滚动条，并不需要执行上拉下拉事件。而上拉下拉其实就是监听上拉下拉手势，所以在操作弹出菜单中的滚动条时，它就以为用户在进行上拉下拉操作，从而去调用分页接口，而这是我们不想看到的。可能用户会觉得，这还不简单，当打开弹出菜单时，禁用上拉下拉，关闭弹出菜单的时候再启用就可以了。我当时也是这么想的，可是有时候理想很丰满，现实很骨感，最终你会发现网上找的那些禁用启用上拉下拉的代码是无效的。

网上随便一搜就能看到“MUI 侧滑菜单和上拉加载下拉刷新冲突”“MUI 下拉刷新与区域滚动冲突”等一系列文章，当你把网上提供的各种解决方案都试一遍后，会发现通通无效。最后我想了一个笨办法来解决这个问题。我的思路是这样的:打开弹出菜单,将上拉下拉容器的高度加 1,这个时候在弹出菜单中,滑动菜单就不会促发上拉下拉,当关闭弹出菜单时,再让容器高度复原。虽然笨,但是有效,能解决问题的办法就是好办法,其余代码如下:

```
mui.ready(function() {
    window.addEventListener('tap',function() {
        if(document.getElementById("popover")) {
            if (! document.getElementById("popover").classList.contains('mui-active')) {
                var _height = document.getElementById('pullrefresh').style.height;
                if (_height) {
               document.getElementById('pullrefresh').style.height = 'auto';
                }
            }
        }
    });
})
```

8.2.2 转 单

项目经理才可以进行转单,转单就相当于二次派工。当工单状态为待签到和待完工状态时,可以进行转单操作。判断代码如下:

```
nav.showCtr.iszd = (statusid == WorkOrderStatus.waitSignin.value || statusid == WorkOrderStatus.waitOver.value) && nav.showCtr.ispm;//可转单
```

HTML 代码如下:

```
<button type="button" v-if="(item.status == WorkOrderStatus.waitSignin.value||item.status == WorkOrderStatus.waitOver.value)&&roleid == comm.pm" class="mui-btn mui-xbtn-primary mui-btn-outlined" v-on:tap="dispatching(item,'Z',true)">转单</button>
```

可以看到转单其实和派工调用的是同一个方法:dispatching,只是方法中的第二个参数不一样,而这个参数正好用于区分是转单还是派工。转单的 mock 代码:

```
//转单
Mock.mock(config.TransferRepair,null,function (options) {
    var _body = JSON.parse(options.body);
    //本地修改工单状态、更新时间
    _database.update('tb_repairbill_g','NO',_body.NO,{ "STATE":_body.STATE,"ACCEPT_TIME":g.operationDate(0),"ACCEPT_USER_ID":_body.ACCEPT_USER_ID,"HELP_SEND_USER_ID":_body.HELP_SEND_USER_ID,"HELP_SEND_TIME":_body.HELP_SEND_TIME },function (res) {
```

```
});
//添加跟踪记录
let obj = {
    "ID":newGuid(),
    "createdate":"",
    "BILL_NO":_body.NO,
    "BUSINESS_TYPE":"R",
    "STATE":'B',
    "CREATE_USER_ID":_body.ACCEPT_USER_ID,
    "CREATE_TIME":g.operationDate(0),
    "RESULT":"转单",
    "MESSAGE":null,
    "CREATE_TIMEStr":g.operationDate(0),
    "STATE_Text":g.getStatusNameById('B'),
    "UserName":getUserNameByUserId(_body.ACCEPT_USER_ID),
    "RoleName":null,
    "OpeType":null,
    "sys_updatetime":"0001-01-01T00:00:00"
}
addBillExecute(obj);
return { "StatusCode":200,"Message":null,"Data":1 };
});
```

转单其实就是直接修改工单表中的状态、接受人和接受时间，然后在跟踪记录表中新增一条跟踪记录。

8.3 签　到

班组长或者运维人员接单之后，就可以进行签到操作。之前考虑过签到是不是要到现场进行拍照签到，后来为了简化操作，就直接只进行状态变更了。在项目源码中，我保留了拍照签到的功能界面 img－signin.html，但是并没有在本项目中使用，列表页和详情页都有签到按钮。

列表页 HTML 代码如下：

```
<button type="button" v-if="item.status==WorkOrderStatus.waitSignin.value&&item.ACCEPT_USER_ID==config.USER_ID" class="mui-btn mui-xbtn-primary" v-on:tap="signin(item)">签到</button>
```

js 代码如下：

```
//签到
signin:function(item) {
```

```
        signinFun(App.typeid,item,'','index');
    },
```

详情页 HTML 代码如下：

```
<button v-show="showCtr.canSignin" type="button" class="btnSubmit mui-btn next-btn mui-btn-primary"
        v-bind:class="{'b2':showCtr.iscancleOrder,'b3':! showCtr.iscancleOrder}" v-on:tap="signin('home',vm.data_r.MONEY,vm.data_r.HOURS)">
    签到
</button>
```

签到 mock 代码：

```
//签到 SignRepair
Mock.mock(config.SignRepair,null,function (options) {
    var _body = JSON.parse(options.body);
    //本地修改工单状态、更新时间
    _database.update('tb_repairbill_g','NO',_body.NO,{ "STATE":"C","SIGN_TIME":g.operationDate(0),'REPAIR_USER_NAME':getUserNameByUserId(config.USER_ID),'REPAIR_DEPT_NAME':getDeptNameByUserId(config.USER_ID) },function (res) {
    });
    //添加跟踪记录
    let obj = {
        "ID":newGuid(),
        "createdate":"",
        "BILL_NO":_body.NO,
        "BUSINESS_TYPE":"R",
        "STATE":'C',
        "CREATE_USER_ID":config.USER_ID,
        "CREATE_TIME":g.operationDate(0),
        "RESULT":"工作人员到场签到",
        "MESSAGE":null,
        "CREATE_TIMEStr":g.operationDate(0),
        "STATE_Text":g.getStatusNameById('C'),
        "UserName":getUserNameByUserId(_body.ACCEPT_USER_ID),
        "RoleName":null,
        "OpeType":null,
        "sys_updatetime":"0001-01-01T00:00:00"
    }
    addBillExecute(obj);
    return { "StatusCode":200,"Message":null,"Data":1 };
});
```

签到操作其实就是修改工单状态为待完工,并且记录签到时间和跟踪记录。

8.4 退　单

退单条件:已接受工单,但是还未进行签到时可进行退单操作。判断代码如下:

```
nav.showCtr.isbackOrder = nav.showCtr.isaccept && statusid == WorkOrderStatus.waitSignin.value;//可退单
```

退单按钮只在详情页中显示,因为在按钮太多的情况下,列表页显示不全,而退单工单又不是特别常用的功能,所以将其放置到工单详情页中。

退单 HTML 界面代码:

```
<button v-show="showCtr.isbackOrder" type="button" v-on:tap="backOrder()" class="mui-btn mui-btn-lightBlue mui-btn-outlined" v-bind:class="{'b1':showCtr.canSignin}">退单</button>
```

js 代码如下:

```
//退单-维修
backOrder:function () {
    var orderNumber = nav.uid;
    var api = '';
    if (nav.typeid == TaskType.repair.value) {
        api = config.RepairBillBack;
    }
    g.ajax(api,{
        data:{
            billNo:orderNumber,
            userId:config.USER_ID
        },
        success:function (data) {
            if (data.StatusCode == '200' && data.Data == '1') {
                mui.toast('退单成功');
                owDetail.evalJS("refleshView(1,'" + nav.uid + "','" + WorkOrderStatus.waitOrder.value + "','" + nav.typeid + "');");
                setTimeout(mui.back(),300);
            } else {
                mui.toast('退单失败');
            }
        }
    });
},
```

退单的代码也很简单，其实就是将工单状态修改为初始状态，并把工单的接受人和接受时间置空，如图 8－3 所示。

图 8－3　退单界面

退单 mock 代码：

```
    //退单 RepairBillBack
    Mock.mock(config.RepairBillBack,null,function (options) {
        var _body = JSON.parse(options.body);
        //本地修改工单状态、更新时间
        _database.update('tb_repairbill_g','NO',_body.billNo,{ "STATE":"A","ACCEPT_TIME":
null,"ACCEPT_USER_ID":null,"HELP_SEND_USER_ID":"","HELP_SEND_TIME":"" },function (res)
{});
        //添加跟踪记录
        let obj = {
            "ID":newGuid(),
            "createdate":"",
            "BILL_NO":_body.billNo,
            "BUSINESS_TYPE":"R",
            "STATE":'A',
            "CREATE_USER_ID":config.USER_ID,
```

```
        "CREATE_TIME":g.operationDate(0),
        "RESULT":"退单",
        "MESSAGE":null,
        "CREATE_TIMEStr":g.operationDate(0),
        "STATE_Text":g.getStatusNameById('A'),
        "UserName":getUserNameByUserId(config.USER_ID),
        "RoleName":null,
        "OpeType":null,
        "sys_updatetime":"0001-01-01T00:00:00"
    }
    addBillExecute(obj);
    return { "StatusCode":200,"Message":null,"Data":1 };
})
```

第 9 章

完工与跟踪记录

9.1 完　工

在执行人员进行签到之后，就可以对工单进行完工操作，完工操作需要提交完工图片，图片既可以从相册中选也可以直接拍照。完工图片、完工说明和故障类型这三项为必填项。完工操作按钮在列表页和详情页中都有，当完工操作执行后，整个工单就结束了。填写完工单界面如图 9－1 所示。

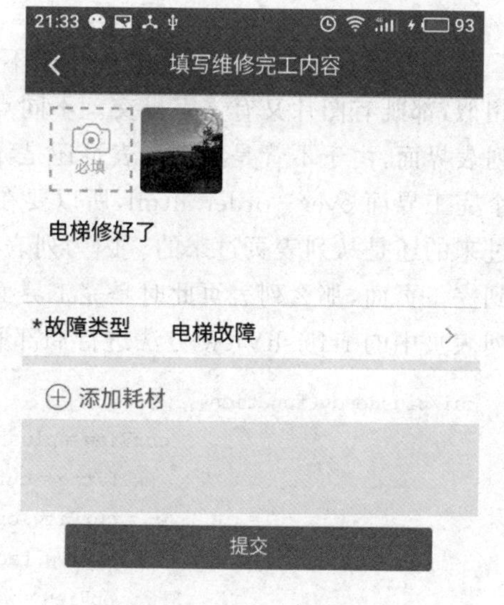

图 9－1　完工单界面

完工操作的流程：单击“完工”按钮，跳转到完工界面 over－order.html，在完工界面录入必填项之后，单击“提交”按钮执行完工操作。

完工操作有如下两种思路：

① 先上传完工图片，上传成功之后再提交完工工单信息。如果提交完工工单信息失败，则删除已上传的完工图片。

② 先提交完工单，提交成功之后再上传图片。如果图片上传失败，撤销提交完工单操作。

这里采用的是思路②。

工单列表页 HTML 代码：

```
<button type="button" v-if="item.status==WorkOrderStatus.waitOver.value&&item.ACCEPT_USER_ID==config.USER_ID" class="mui-btn mui-xbtn-primary" v-on:tap="overWork(item)" v-bind:disabled="item.IS_WAITING==1">完工</button>
```

列表页 js 代码：

```
                    //完工
                    overWork:function(item) {
                        overWorkFun(item,'');
                    },
//完工
function overWorkFun(item,prefix) {
    var _pre = prefix || '';
        g.openWindow({
            id:App.typeid + '_over - order',
            url:_pre + App.typeid + '/over - order.html',
            extras:{
                NO:item.orderNumber
            }
        });
}
```

完工界面 over - order.html 的代码不再全部贴出，因为它和前面报修界面的代码相似，都既有图片又有文字提交。不同点在于，当完工图片上传成功之后，需要刷新列表界面，由于不管是单击列表页还是详情页中的“完工”按钮，最终都将跳转到同一个完工界面 over - order.html，所以要在完工页面中进行区分，判断是从详情页调整过来的还是从列表页过来的。因为列表页是详情页的父页面，如果是从详情页调整到完工页面，那么列表页此时是完工界面的父界面的父页面。区分之后，就可以调用列表页中的 refleshView 方法进行局部刷新。代码如下：

```
mui.plusReady(function() {
                        curView = plus.webview.currentWebview();
                        _self.tag = curView.tag || '';
                        wo = curView.opener();
                        if(curView.tag == 'detail') {
                            ppView = wo.opener(); //当前页的上上页
                        }
                    });
g.ajax(config.AddBillFile,{
                            data:v,
                            dataType:'json',
                            type:'post',
                            success:function (data) {
                                if (data && data.Data != 0) {
                                    mui.toast(' 操作成功 ');
                                    if (App.tag == 'detail' && ppView) {
                                                        //从详情页过来的，返回到上上页
                                        curView.close();
```

```
                                        g.goPrePrePage(wo, ppView, null, function
() {
                                            ppView.evalJS("refleshView(1,'" +
App.data_v.NO + "','" + WorkOrderStatus.Over.value + "','" + TaskType.repair.value + "
');");
                                        });
                                        setTimeout(old_back(),300);
                                    } else {
                                        setTimeout(function () {
                                            old_back();
                                        },300);
                                        old_back();
                                        wo.evalJS("refleshView(1,'" + App.data_
v.NO + "','" + WorkOrderStatus.Over.value + "','" + TaskType.repair.value + "');");
                                    }
                                } else {
                                    mui.toast('操作失败');
                                }
                            }
                        });
```

在上述代码中，可以看到回退调用了一个方法 old_back()，这是因为还存在一个需求。

当完工界面录入了内容但是还没有提交，如果这个时候不小心误操作单击了手机上面的回退，它将自动退到上一页，这样完工界面中录入的内容没有保存就直接丢失了。为了防止此情况的出现，重写 MUI 中封装的 back 方法，在方法中添加判断，如果有录入内容时，弹出一个回退提示框，只有当用户再次确认要退出时才离开完工界面。如果提交成功，又不需要提示直接返回到上一页去，这个时候又要用到原来的回退方法。因此这里定义一个对象 old_back 先临时存储原来的 back 方法，代码如下：

```
var old_back = mui.back;
mui.back = function () {
    //判断是否打开图片预览，如果是就先关掉图片，否则直接关闭当前页面
    if (document.querySelector(".mui-preview-in")) {
        mui.previewImage().close();
        return;
    } else {
        mui.confirm('完工内容未提交，确认离开吗？','离开确认',btnArray,function (e) {
            if (e.index == 1) {
                //执行 MUI 封装好的窗口关闭逻辑
```

```
                old_back();
                setTimeout(function () { old_back() },300); //解决回退不了的问题
            }
        });
    }
}
```

运行界面如图 9-2 所示。

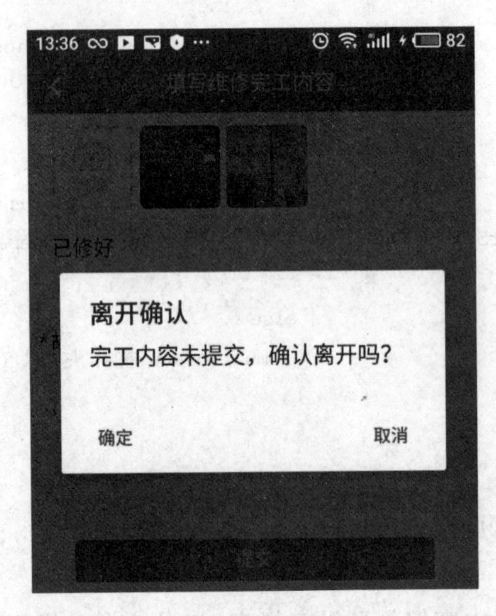

图 9-2　回退界面

完工 mock 操作代码如下：

```
//完工 FinishRepair
Mock.mock(config.FinishRepair,null,function (options) {
    var _body = JSON.parse(options.body);
    var orderObj = { "STATE":"E","FINISH_TIME":g.operationDate(0),FINISH_SIGN:_body.
FINISH_SIGN,FAULT_TYPE:_body.FAULT_TYPE,"FINISH_INFO":_body.FINISH_INFO,FAULT_NAME:get-
NamebyTypeId(_body.FAULT_TYPE) };
    //本地修改工单状态、更新完工时间
    _database.update('tb_repairbill_g','NO',_body.NO,orderObj,function (res) { });
    //添加跟踪记录
    let obj = {
        "ID":newGuid(),
        "createdate":"",
        "BILL_NO":_body.NO,
        "BUSINESS_TYPE":"R",
        "STATE":'E',
```

```
        "CREATE_USER_ID":config.USER_ID,
        "CREATE_TIME":g.operationDate(0),
        "RESULT":"工单结束",
        "MESSAGE":null,
        "CREATE_TIMEStr":g.operationDate(0),
        "STATE_Text":g.getStatusNameById('E'),
        "UserName":getUserNameByUserId(config.USER_ID),
        "RoleName":null,
        "OpeType":null,
        "sys_updatetime":"0001-01-01T00:00:00"
    }
    addBillExecute(obj);
    removeExecuteBillNums(config.USER_ID);
    return { "StatusCode":200,"Message":null,"Data":1 };
});
//移除执行人工单数 tb_executeuser_g
function removeExecuteBillNums(userid) {
    _database.read('tb_executeuser_g'," where USER_ID = '" + userid + "'",function
(res) {
        if (res != [] && res.length > 0) {
            var _TaskQty = parseInt(res[0].TaskQty);
            _TaskQty = _TaskQty > 0 ? _TaskQty - 1:0;
            let obj = { "TaskQty":_TaskQty };
            _database.update('tb_executeuser_g',"USER_ID",userid,obj,function (res1) {});
        }
    });
}
```

需要注意的是，当进行完工操作后，要将执行人员表中的待处理工单数减1，因为在完工操作之后，工单就结束了。

9.2 跟踪记录

对工单的操作都应该有记录，以便跟踪查询。跟踪记录的展示是以一个纵向坐标轴的方式展示的。时间轴设计的难点在于界面样式，因为所有的节点都是动态渲染的，最新的节点又和其他节点的样式不一致，节点的显示位置比较难控制，还有就是节点之间的连线必须恰到好处地把各个节点连接起来，同时也要兼容各个移动端的浏览器。

跟踪记录界面如图9-3所示。

当在工单详情页面中的右上角单击“跟踪详情”时，将跳转到跟踪记录页面

图 9-3 跟踪记录界面

track-record.html，HTML 代码如下：

```
<section v-show="list.length > 0" id="cd-timeline" class="cd-container" v-cloak>
    <div v-for="(item,index) in list" class="cd-timeline-block">
        <div class="cd-timeline-img" v-bind:class="[index==0? 'cd-picture':
'cd-movie']"> </div>
        <div class="cd-timeline-content">
            <div v-text="item.text"> </div>
            <div class="cd-date" v-text="item.t"> </div>
        </div>
    </div>
</section>
```

order-detail.html 页中跟踪记录调用的代码如下：

```
mui.ready(function () {
    document.getElementById('rackRecord').addEventListener('tap',function () {
        var _id='../track-record.html';
        g.openWindowWithTitle({
            id:'track-record',
            url:_id,
            extras:{
                NO:nav.uid
            }
        },'跟踪记录');
    });
});
```

跟踪记录页面中,通过工单编号从表中 tb_billexecute_g 获取跟踪记录,mock代码如下:

```
_database.read('tb_billexecute_g',"where BILL_NO = '" + self.NO + "' and BUSINESS_TYPE
= 'R'",function (res) {
                    var data = {
                        "StatusCode":200,
                        "Message":null,
                        "Data":res
                    };
                    if (data.Data.length == 0) {
                        vm.isEmptyData = true;
                    } else {
                        var dv = [];
                        for (var i = 0; i <data.Data.length; i++) {
                            var d = {};
                            var uname = '';
                            if (data.Data[i].UserName) {
                                uname = data.Data[i].UserName + ',';
                            }
                            d.text = uname + data.Data[i].RESULT;
                            d.t = g.formatDate(data.Data[i].CREATE_TIME,'YMDHMS');
                            dv.push(d);
                        }
                        vm.list = dv.reverse();
                    }
                });
```

跟踪记录表如表 9-1 所列。

表 9-1 跟踪记录表 tb_executeuser_g

字段名称	字段说明	示例值
ID	业务主键	4401807260013azd
BILL_NO	工单号	4401807260013
BUSINESS_TYPE	业务类型	R
STATE	工单状态	C
CREATE_USER_ID	创建人 ID	1
CREATE_TIME	创建时间	2018-11-26 20:09
RESULT	操作说明	转单
STATE_Text	状态的中文名称	待完工
UserName	用户名称	邹玉杰

第10章

个人设置

单击“我的”，进入 my. html 页面，在页面右上角有一个设置图标，单击设置图标，进入设置界面 setting. html，如图 10 - 1 所示。

图 10 - 1　设置界面

10.1　头像设置

在 setting. html 页面单击头像栏，会弹出一个菜单，可以从相册中选择图片或者调用相机拍照。

这个 setting. html 页面是从官网提供的 Demo 中复制过来的，修改一下，读者可以在官方提供的 Demo 源码 mui\examples\hello-mui\examples\setting. html 中找到这个页面。设置头像界面如图 10－2 和 10－3 所示。

选择一张图片作为头像，再返回到上一页 my. html，如图 10－4 所示，头像已经修改。

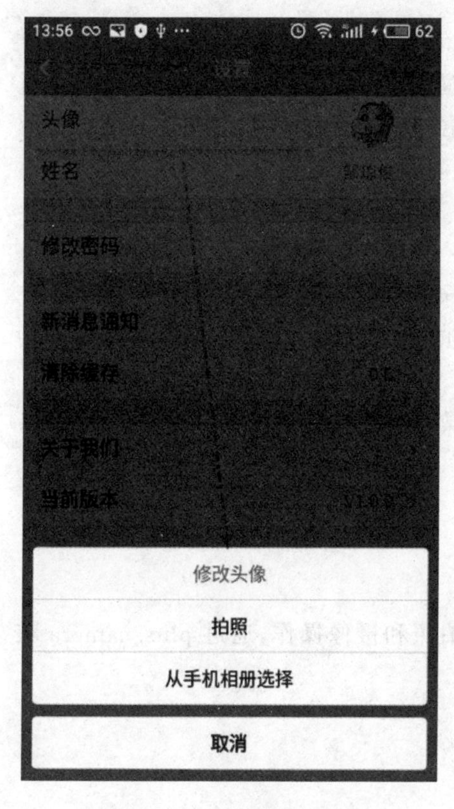

图 10－3　头像设置

图 10－2　头像设置界面

图 10－4　修改头像成功

来看下实现思路。当选择图片或者拍照时，可以直接获取图片的地址，然后直接将其赋值到界面 img 中的 src 属性。接下来要持久化头像图片地址，这里会用到图片上传，图片上传之前需要先对图片进行压缩，在压缩方法中调用方法 SetHeaderPic 来将选中的图片或者拍照的图片地址存储到本地数据表 tb_myheader_g 中。这里是模拟演示效果，所以直接将图片的地址存储到了数据表中，而真实的应用环境是调用图片上传接口，一方面将图片上传到服务器，一方面存储头像信息到服务器数据表中进行持久化。

10. 1. 1　plus. io

要获取图片文件的地址，就要用到 H5＋中的 plus. io。

IO 模块管理本地文件系统，用于对文件系统的目录浏览、文件的读取和文件的写入等操作，通过 plus. io 可获取文件系统管理对象。

方法：

resolveLocalFileSystemURL：通过 URL 参数获取目录对象或文件对象；

```
void plus. io. resolveLocalFileSystemURL(url,succesCB,errorCB);
```

说明：

快速获取指定的目录或文件操作对象，如通过 URL 值"_www/test. html"可直接获取文件操作对象。URL 值可支持相对路径 URL 和本地路径 URL。成功获取指定的文件或目录操作对象，通过 succesCB 回调返回，如果指定 URL 路径或文件不存在则失败，通过 errorCB 回调返回。

参数：

url：(DOMString) 必选，要操作文件或目录的 URL 地址；

succesCB：(FileResolveSuccessCallback) 必选，获取操作文件或目录对象成功的回调函数；

errorCB：(FileErrorCallback) 可选，获取操作文件或目录对象失败的回调函数。

返回值：

void：无。

10. 1. 2 plus. camera

Camera 模块管理设备的摄像头，可用于拍照和摄像操作，通过 plus. camera 获取摄像头管理对象。

方法：

getCamera：获取摄像头管理对象。

对象：

Camera：摄像头对象；

CameraOptions：JSON 对象，调用摄像头的参数；

PopPosition：JSON 对象，弹出拍照或摄像界面指示位置。

回调方法：

CameraSuccessCallback：调用摄像头操作成功回调；

CameraErrorCallback：摄像头操作失败回调。

权限：

5+功能模块(permissions)

在 manifest. json 中要进行权限配置，代码如下：

```
"permissions":{
    "Camera":{
        "description":"访问摄像头"
```

```
},
```

getCamera 方法：获取摄像头管理对象；

```
Camera plus.camera.getCamera(index);
```

说明：

获取需要操作的摄像头对象，如果要进行拍照或摄像操作，需先通过此方法获取摄像头对象。

参数：

index：(Number) 可选，要获取摄像头的索引值。

指定要获取摄像头的索引值，1 表示主摄像头，2 表示辅摄像头。如果没有设置则使用系统默认主摄像头。

返回值：

Camera：摄像头对象。

平台支持：

Android—2.2+（支持）

iOS—4.3+（支持）

10.1.3 plus.gallery

Gallery 模块管理系统相册，支持从相册中选择图片或视频文件、保存图片或视频文件到相册等功能。通过 plus.gallery 获取相册管理对象。

方法：

pick：从系统相册选择文件(图片或视频)；

save：保存文件到系统相册中。

对象：

GalleryOptions：JSON 对象，从相册中选择文件的参数；

GalleryFilter：相册选择文件过滤的类型；

GallerySaveEvent：保存图片到相册成功事件；

PopPosition：JSON 对象，弹出拍照或摄像界面指示位置。

回调方法：

GalleryPickSuccessCallback：单选系统相册图片成功的回调；

GalleryMultiplePickSuccessCallback：多选系统相册图片成功的回调；

GallerySuccessCallback：操作系统相册成功的回调；

GalleryErrorCallback：系统相册操作失败的回调。

权限：

5+功能模块的权限配置项

```
"permissions":{
```

```
    "Gallery":{
        "description":"访问系统相册"
    },
```

pick 方法:从系统相册选择文件(图片或视频);

```
void plus.gallery.pick(successCB,errorCB,options);
```

说明:

从系统相册中选择图片或视频文件。每次仅能选择一个文件,选择后将返回选择的文件路径。

参数:

succesCB:(GalleryPickSuccessCallback | GalleryMultiplePickSuccessCallback) 必选,从系统相册中选择文件完成后的回调函数。

单选时通过 GalleryPickSuccessCallback 回调函数返回选择的图片或视频文件路径,多选时通过 GalleryMultiplePickSuccessCallback 回调函数返回图片或视频文件路径。

errorCB:(GalleryErrorCallback) 可选,从系统相册中选择文件操作错误的回调函数。

options:(GalleryOptions) 可选,设置选择文件的参数。

返回值:

void:无

拍照和选择图片的代码如下所示(注意选择图片之后要刷新父页面 my.html 中的头像):

```
//拍照
function getImage() {
    var c = plus.camera.getCamera();
    c.captureImage(function(e) {
        plus.io.resolveLocalFileSystemURL(e,function(entry) {
            var s = entry.toLocalURL() + "? version = " + new Date().getTime();
            compressImage(entry.toLocalURL(),entry.name);
            document.getElementById("head - img").src = s;
            //刷新父头像 refreshHeadImg()
            if (openerWV) {
                openerWV.evalJS("refreshHeadImg()");
            }
        },function(e) {
            console.log("读取拍照文件错误:" + e.message);
        });
    },function(s) {
```

```
                console.log("error" + s);
            },{
                filename:"_doc/head.jpg"
            })
        }
        //从相册中选择
        function galleryImg() {
            plus.gallery.pick(function (a) {
                plus.io.resolveLocalFileSystemURL(a,function (entry) {
                    compressImage(entry.toLocalURL(),entry.name);
                    plus.io.resolveLocalFileSystemURL("_doc/",function (root) {
                        root.getFile("head.jpg",{},function (file) {
                            //文件已存在
                            file.remove(function () {
                                console.log("file remove success");
                                entry.copyTo(root,'head.jpg',function (e) {
                                    var e = e.fullPath + "? version = " + new Date().get-
Time();
                                    document.getElementById("head - img").src = e;
                                    //变更大图预览的 src
                                    //目前仅有一张图片,暂时如此处理,后续需要通过标准组
                                      件实现
                                    document.querySelector("#__mui - imageview__group .
mui - slider - item img").src = e + "? version = " + new Date().getTime();
                                },
                                function (e) {
                                    console.log('copy image fail:' + e.message);
                                });
                            },function () {
                                console.log("delete image fail:" + e.message);
                            });
                            //刷新父头像
                            if (openerWV) {
                                openerWV.evalJS("refreshHeadImg()");
                            }
                        },function () {
                            //文件不存在
                            entry.copyTo(root,'head.jpg',function (e) {
                                var path = e.fullPath + "? version = " + new Date().getTime
();

                                document.getElementById("head - img").src = path;
                                //变更大图预览的 src
```

```
                        //目前仅有一张图片,暂时如此处理,后续需要通过标准组件
                          实现
                        document.querySelector("#__mui-imageview__group .mui-
slider-item img").src = path;
                    },
                        function (e) {
                            console.log('copy image fail:' + e.message);
                        });
                    //刷新父头像
                    if (openerWV) {
                        openerWV.evalJS("refreshHeadImg()");
                    }
                });
            },function (e) {
                console.log("get _www folder fail");
            })
        },function (e) {
            console.log("读取拍照文件错误:" + e.message);
        });
    },function (a) { },{
        filter:"image"
    })
};
```

10.1.4 plus.zip

Zip 模块管理文件压缩和解压,通过 plus.zip 可获取压缩管理对象。

方法:

compress:压缩生成 Zip 文件;

decompress:解压缩 Zip 文件;

compressImage:图片压缩转换。

对象:

CompressImageOptions:JSON 对象,配置图片压缩转换的参数;

ClipImageOptions:JSON 对象,图片裁剪区域的参数。

回调方法:

CompressImageSuccessCallback:图片压缩转换操作成功的回调函数接口;

ZipSuccessCallback:操作成功的回调函数接口,在解压 Zip 文件或压缩成 Zip 文件成功时调用;

ZipErrorCallback:操作错误回调函数接口,在解压 Zip 文件或压缩成 Zip 文件失败时调用。

权限：

5+功能模块(permissions)

App 添加权限配置

```
"permissions":{
    "Zip":{
        "description":"文件压缩与解压缩"
    },
```

compress 方法：压缩生成 Zip 文件。

```
void plus.zip.compress(src,zipfile,successCB,errorCB);
```

参数：

src:(String) 可选，要压缩的源文件路径，支持文件路径或目录；

zipfile:(String) 可选，压缩后保存的 Zip 文件路径；

successCB:(ZipSuccessCallback) 必选，压缩 Zip 文件操作成功回调，在压缩操作成功时调用；

errorCB:(ZipErrorCallback) 必选，压缩 Zip 文件操作失败回调，在压缩操作失败时调用。

返回值：

void:无。

compressImage 方法：图片压缩转换。

```
void plus.zip.compressImage(options,successCB,errorCB);
```

说明：

可用于图片的质量压缩、大小缩放、方向旋转、区域裁剪和格式转换等。

参数：

options:(CompressImageOptions) 必选，图片压缩转换的参数；

successCB:(CompressImageSuccessCallback) 可选，图片压缩转换操作成功回调，操作成功时调用；

errorCB:(ZipErrorCallback) 可选，图片压缩转换操作失败回调，操作失败时调用。

返回值：

void:无

本页面图片压缩代码如下：

```
/* *
 * 3.压缩图片
 * @param {string} url:图片绝对路径
 * @param {string} filename:图片名称
```

```
  * @param {string} divid:图片容器 id
  */
 function compressImage(url,filename) {
     console.log(url); //file:///storage/emulated/0/Pictures/Screenshots/S70915 -
001739.jpg
     var path = "_doc/upload/" + filename; //_doc/upload/F_SMP - 1467602809090.jpg
     plus.zip.compressImage({
         src:url,//src:(String 类型)压缩转换原始图片的路径
         dst:path,//压缩转换目标图片的路径
         quality:20,//quality:(Number 类型)压缩图片的质量,取值范围:1~100
         overwrite:true //overwrite:(Boolean 类型)覆盖生成新文件
     },
         function (event) {
             //event.target 获取压缩转换后的图片 url 路
             saveimage(event.target,filename,path);
         },
         function (error) {
             plus.nativeUI.toast("压缩图片失败,请稍候再试");
         });
 }
```

10.1.5 plus.uploader

Uploader 模块管理网络上传任务,用于从本地上传各种文件到服务器,并支持跨域访问操作。通过 plus.uploader 可获取上传管理对象。Uploader 上传使用 HTTP 的 POST 方式提交数据,数据格式符合 Multipart/form-data 规范,即 rfc1867(Form-based File Upload in HTML)协议。

方法:

createUpload:新建上传任务;

enumerate:枚举上传任务;

clear:清除上传任务;

startAll:开始所有上传任务。

对象:

Upload:Upload 对象管理一个上传任务;

UploadEvent:上传任务事件类型;

UploadState:上传任务的状态,Number 类型;

UploadOptions:JSON 对象,创建上传任务的参数;

UploadFileOptions:JSON 对象,添加上传文件的参数。

回调方法:

UploadCompletedCallback：上传任务完成时的回调函数；

UploadStateChangedCallback：上传任务状态变化回调函数，在上传任务状态发生变化时调用；

UploadEnumerateCallback：枚举上传任务回调函数，在枚举上传任务完成时调用。

权限：

5＋功能模块（permissions）

App 添加权限配置：

```
"permissions":{
    "Uploader":{
        "description":"管理文件上传任务"
    },
```

createUpload 方法：新建上传任务；

```
Upload plus.uploader.createUpload(url,options,completedCB);
```

说明：

请求上传管理创建新的上传任务，创建成功则返回 Upload 对象，用于管理上传任务。

参数：

url：（String）必选，要上传文件的目标地址；

上传服务器的 url 地址，仅支持 http 或 https 协议，允许创建多个相同 url 地址的上传任务。

options：（UploadOptions）可选，上传任务的参数；

可通过此参数设置定义上传任务属性，如请求类型、上传优先级等。

completedCB：（UploadCompletedCallback）可选，上传任务完成回调函数。

当上传任务提交完成时触发，成功或失败都会触发。

返回值：

Upload：Upload 对象；

Upload 对象的 addFile 方法：添加上传文件；

```
Boolean upload.addFile(path,options);
```

说明：

向上传任务中添加文件，必须在任务开始上传前调用。以下情况会导致添加上传文件失败：

- options 参数中指定的 key 在任务中已经存在，则添加失败返回 false；
- path 参数指定的文件路径不合法或文件不存在，则添加失败返回 false；
- 上传任务已经开始调度，调用此方法则添加失败返回 false。

参数：

path：(String) 必选，添加上传文件的路径；

仅支持本地文件路径。

options：(UploadFileOptions) 必选，要添加上传文件的参数。

可通过此参数设置上传任务属性，如文件标识、文件名称、文件类型等。

返回值：

Boolean：添加文件成功返回 true，失败则返回 false。

图片保存代码如下：

```
function saveimage(url, name, path) { //alert(url);//file:///storage/emulated/0/Android/data/io.dcloud...../doc/upload/F_SMP-1467602809090.jpg
    smpImgArray.push(path);
    console.log('path:' + path); //_doc/upload/F_SMP-1467602809090.jpg
    if (config.isMock) {
        SetHeaderPic(url);
    } else {
        uploadimgeFun(config.uploadImgUrl);
    }
}
```

图片上传代码如下：

```
//上传图片
function uploadimgeFun(url) {
    if (smpImgArray.length == 0) {
        fun(null);
        return false;
    }
    nwaiting = plus.nativeUI.showWaiting();
    var task = plus.uploader.createUpload(url,{
        method:"POST"
    },
        function (t,status) {
            if (status == 200) {
                console.log('上传成功');
                fun(t.responseText);
            } else {
                console.log('上传失败');
            }
        }
    );
    for (var i = 0; i < smpImgArray.length; i++) {
```

```
            var itemkey = smpImgArray[i];
            console.log(itemkey);
            task.addFile(itemkey,{
                key:itemkey
            });
        }
        task.start();
        return true;
    }
```

看下 mock 设置头像的代码，由于有可能是编辑头像的情况，所以先从 tb_myheader_g 表中删除记录，然后再添加记录。

```
//设置头像 SetUserHeaderPic
Mock.mock(config.SetUserHeaderPic,null,function (options) {
    var _body = JSON.parse(options.body);
    var data = {
        userId:config.USER_ID,
        pathCode:_body.pathCode
    }
    _database.remove('tb_myheader_g',"where userId = '" + config.USER_ID + "'",function () {
        _database.add('tb_myheader_g',[data],function (res){
            console.log("设置头像:" + res);//成功
        });
    });
    return { "StatusCode":200,"Message":null,"Data":1 };
});
```

当 my.html 页面第一次加载时：

```
_database.read('tb_myheader_g',"where userId = '" + config.USER_ID + "'",function (res) {
    console.log('res[0].FILE_PATH:' + res[0].pathCode);
    var data = {
        "StatusCode":200,
        "Message":null,
        "Data":{
            "source":"APP",
            "headerPic":{
                "FILE_PATH":res[0].pathCode,
            }
        }
    }
```

```
        if (data.StatusCode == '200') {
            if (data.Data.headerPic) {
                var _path = data.Data.headerPic.FILE_PATH;
                var _source = data.Data.source;
                var _url = config.isMock? _path:g.getImgByType(_path,_source);
                if (_url) {
                    document.getElementById("head - img").src = _url;
                } else {
                    document.getElementById("head - img").src = defaultUrl;
                }
            } else {
                mui.plusReady(function () {
                    g.initHeadImg("head - img",defaultUrl);
                });
            }
        } else {
            mui.toast(data.Message);
        }
    });
```

单击头像实现图片预览。前面是通过引入独立 js 库 mui.previewimage.js 来实现的，这里可以自己写代码来实现，原理其实很简单，就是在单击图片的时候，动态地创建一个 div，然后把 img 放到这个 div 中，在 div 中创建的元素让其满足 MUI 中图片轮播的结构，然后让这个 div 的 z-index 显示在最上层，并设置其 position 属性为 fixed。

10.1.6 图片轮播

图片轮播继承自 slide 插件，因此其 Dom 结构、事件均和 slide 插件相同。Dom 结构默认不支持循环播放，Dom 结构如下：

```
<div class = "mui - slider">
    <div class = "mui - slider - group">
        <div class = "mui - slider - item"> <a href = "#"> <img src = "1.jpg" />
</a> </div>
        <div class = "mui - slider - item"> <a href = "#"> <img src = "2.jpg" />
</a> </div>
        <div class = "mui - slider - item"> <a href = "#"> <img src = "3.jpg" />
</a> </div>
        <div class = "mui - slider - item"> <a href = "#"> <img src = "4.jpg" />
</a> </div>
    </div>
```

```
</div>
```

更多内容请参考官网文档:http://dev.dcloud.net.cn/mui/ui/#gallery。

图片预览代码如下:

```
//图片预览
owner.initImgPreview = function (name) {
    var imgs = document.querySelectorAll(name);
    imgs = mui.slice.call(imgs);
    if (imgs && imgs.length > 0) {
        var slider = document.createElement("div");
        slider.setAttribute("id","__mui-imageview__");
        slider.classList.add("mui-slider");
        slider.classList.add("mui-fullscreen");
        slider.style.display = "none";
        slider.addEventListener("tap",function () {
            slider.style.display = "none";
        });
        slider.addEventListener("touchmove",function (event) {
            event.preventDefault();
        })
        var slider_group = document.createElement("div");
        slider_group.setAttribute("id","__mui-imageview__group");
        slider_group.classList.add("mui-slider-group");
        imgs.forEach(function (value,index,array) {
            //给图片添加单击事件,触发预览显示
            value.addEventListener('tap',function () {
                slider.style.display = "block";
                _slider.refresh();
                _slider.gotoItem(index,0);
            })
            var item = document.createElement("div");
            item.classList.add("mui-slider-item");
            var a = document.createElement("a");
            var img = document.createElement("img");
            img.setAttribute("src",value.src);
            a.AppendChild(img)
            item.AppendChild(a);
            slider_group.AppendChild(item);
        });
        slider.AppendChild(slider_group);
        document.body.AppendChild(slider);
        var _slider = mui(slider).slider();
```

```
    }
}
```

10.2 当前版本

获取当前 App 的版本信息,HTML 代码如下:

```
<li id = "check_update" class = "mui - table - view - cell mui - plus - visible">
<a class = "mui - navigate - right"> 当前版本 < i class = "mui - pull - right update" id
= "version"> </i> </a>
</li>
```

获取当前版本信息,代码如下:

```
//获取本地应用资源版本号
plus.runtime.getProperty(plus.runtime.Appid,function (inf) {
    g.id("version").innerHTML = 'V' + inf.version;
});
```

这个获取的其实就是 App 配置文件 manifest.json 中的版本号信息。

```
"version":{
    "name":"1.0.0",/*应用版本名称*/
    "code":"83"
},
```

单击"当前版本",监测是否有新版本需要更新。

```
//检查更新
document.getElementById("check_update").addEventListener('tap',function()
{
    AppUpdate(true);
});
```

运行效果如图 10-5 所示。

如何判断是否有新版本?

先获取本机 App 的版本号,然后获取远程服务器上(iOS 则在 App Store 中)安装包的版本号,如果手机上安装的 App 版本号小于服务器上安装包的版本号,则表示有新版本。(Android 系统上的 App 没有发布到应用市场,因为应用市场太多,发布太麻烦,所以 App 直接发布到 web 服务器上。iOS 发布到 App Store 应用市场,因为不发布到 App Store 应用市场,在手机没有越狱的情况下,直接下载 iOS 的安装包是无法安装的,使用第三方工具包除外,后面会讲解)。

如果发现有新版本,就弹出是否需要更新的提示,这里需要区分 Android 系统和

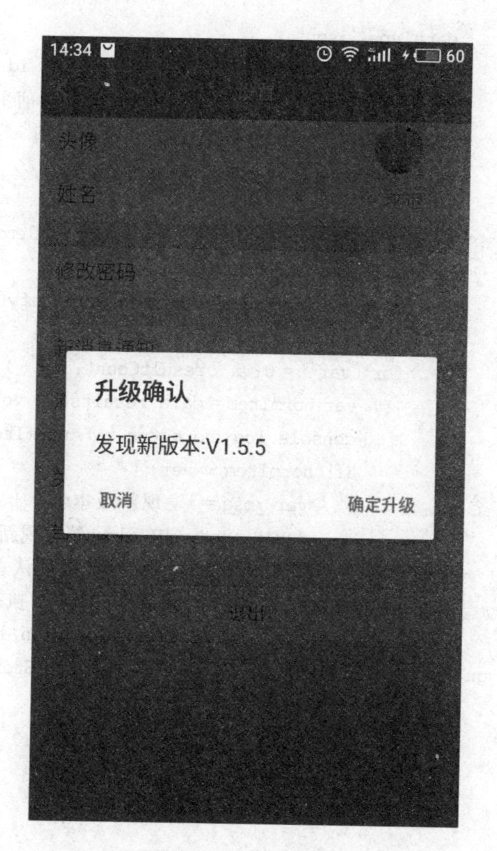

图 10-5 版本更新

iOS 系统，因为 Android 的安装包和 iOS 的安装包是不同的，所在的地址也不一样，如果是 Android 手机，可以直接从配置文件 config.js 中取配置好的 apk 安装包下载路径 config.apkUrl。如果是苹果手机，只能去上架的 App Store 地址下载，这个地址是 iOS 包已经发布到 App Store 中才会有的地址。更新版本代码如下：

```
//获取 App 系统更新(是否单击获取更新)
function AppUpdate(ismanual) {
    console.log('AppUpdate');
    mui.plusReady(function () {
        plus.runtime.getProperty(plus.runtime.Appid,function (inf) {
            ver = inf.version;
            console.log('ver:' + ver);
            var url = config.GetAppVersion;
            var client;
            var ua = navigator.userAgent.toLowerCase();
            if (/iphone|ipad|ipod/.test(ua)) {      //苹果手机
                mui.ajax({
                    type:"get",
```

```
                    dataType:'json',
                    url:"https://itunes.Apple.com/lookup? id = xxxx",
                                                    //获取当前上架 App Store 版本信息
                    data:{
                        id:xxxxx //APP 唯一标识 ID
                    },
                    contentType:'Application/x - www - form - urlencoded;charset = UTF - 8',
                    success:function (data) {
                        console.log('data:' + JSON.stringify(data));
                        var resultCount = data.resultCount;
                        for (var i = 0; i <resultCount; i++) {
                            var normItem = data.results[i].version;
                            console.log('normItem:' + normItem)
                            if (normItem > ver) {
                                var _msg = "发现新版本:V" + normItem;
                                //plus.nativeUI.alert("发现新版本:V" + normItem);
                                mui.confirm(_msg,'升级确认',btn,function (e) {
                                    if (e.index == 0) { //执行升级操作
                                        document.location.href = 'https://itunes.
Apple.com/cn/App/san - gu - hui/id1318127518? mt = 8'; //上新 App Store 下载地址
                                    }
                                });
                                return;
                            }
                        }
                        if (ismanual) {
                            mui.toast('当前版本号已是最新');
                        }
                        return;
                    }
                });
            } else if (/android/.test(ua)) {
                mui.ajax(url,{
                    data:{
                        apkVersion:ver,
                    },
                    dataType:'json',
                    type:'get',
                    timeout:10000,
                    success:function (data) {
                        //console.log('data:'+ JSON.stringify(data))
                        if (data.StatusCode = 200 && data.Data > ver) {
                            //mui.toast("发现新版本:V" + data.Data);
                            //获取远程数据库中上新 Andriod 版本号
                            var _msg = "发现新版本:V" + data.Data;
```

```
                    mui.confirm(_msg,'升级确认',btn,function (e) {
                        if (e.index == 0) { //执行升级操作
                            plus.nativeUI.toast("正在准备环境,请稍后!");
                            var dtask = plus.downloader.createDownload
(config.apkUrl,{},function (d,status) {
                                if (status == 200) {
                                    //sleep(1000);
                                    var path = d.filename;//下载 apk
                                    plus.runtime.install(path);
                                                        //自动安装 apk 文件
                                } else {
                                    plus.nativeUI.alert('版本更新失败:'
+ status);
                                }
                            });
                            dtask.start();
                        }
                    });
                } else {
                    console.log('当前版本号已是最新');
                    if (ismanual) {
                        mui.toast('当前版本号已是最新');
                    }
                    return;
                }
            },
            error:function (xhr,type,errerThrown) {
                if (ismanual) {
                    mui.toast('网络异常,请稍候再试');
                }
            }
        });
    }
  });
 });
}
```

此种手动单击"当前版本"的方式,属于被动更新。如果想要主动更新(每当第一次打开 App 时,自动判断是否有新版本的)的方式,则需要在 App 首页中调用 AppUpdate()方法,本项目系统后台首页是 index.html 页面。

第11章

通讯录

这里的通讯录，是指所有使用 App 人员的电话号码和姓名信息，可以直接单击需要联系的人进行手机拨号，这个和手机上面自带的通讯录是有区别的，此处只有工作联系人。

界面运行效果如图 11-1。

图 11-1　通讯录界面

11.1　查看通讯录列表

主要是从数据库中获取通讯人员信息，主要包括部门、姓名和电话号码。看下

mock 的数据,代码如下:

```
//通讯录列表
Mock.mock(config.QueryAddrList,{
    "StatusCode":200,
    "Message":null,
    "Data":[{
        "DEP_NAME":"维修一部",
        "LSTUSER":[{
            "NAME":"报修人 A",
            "PHONE":"15243641131"
        },{
            "NAME":"李存孝",
            "PHONE":"13249838340"
        },{
            "NAME":"李星云",
            "PHONE":"18688837771"
        }]
    },{
        "DEP_NAME":"维修二部",
        "LSTUSER":[{
            "NAME":"班组 A",
            "PHONE":"13200000002"
        },{
            "NAME":"狄仁杰",
            "PHONE":"13537872524"
        },{
            "NAME":"李茂贞",
            "PHONE":"13923804430"
        }]
    },{
        "DEP_NAME":"运维三部",
        "LSTUSER":[{
            "NAME":"邹玉杰",
            "PHONE":"13249838332"
        },{
            "NAME":"钟哲颖",
            "PHONE":"13249838332"
        },{
            "NAME":"邹琼俊",
```

```
                "PHONE":"18673126640"
            }]
        }]
    });
```

通讯录界面 address-book.html 的 HTML 代码如下：

```
<div id="App" class="mui-content bg-white">
    <div v-for="item in list">
        <div class="address-head" v-text="item.DEP_NAME"></div>
        <ul class="mui-table-view nospace">
            <li v-for="subItem in item.LSTUSER" class="mui-table-view-cell
mui-media">
                <a href="javascript:;">
                    <span class="mui-icon iconfont icon-dianhua fl" v-on:tap="
call(subItem)"></span>
                    <div class="mui-media-body msg">
                        <span v-text="subItem.NAME"></span>
                        <p class="mui-ellipsis"><span v-text="subItem.PHONE"
></span></p>
                    </div>
                </a>
            </li>
        </ul>
    </div>
</div>
```

js 代码如下：

```
var btnArray=['取消','呼叫'];
var App=new Vue({
    el:"#App",
    data:{
        list:[]
    },
    mounted:function() {
        var _self=this;
        mui.init();
        g.ajax(config.QueryAddrList,{
            data:{
                orgCode:config.ORG_CODE
            },
            success:function (data) {
                _self.list=data.Data;
```

```
            }
        });
    },
    methods:{call:
        ...
    }
});
```

11.2 拨号呼叫

H5＋API 中提供了拨号的方法,本页面中调用代码如下:

```
call:function(item){
    var _info = item.NAME + "        " + item.PHONE;
    mui.confirm(_info,'呼叫确认',btnArray,function(e) {
        if(e.index == 1) {
            plus.device.dial(item.PHONE,false);
        }
    });
}
```

这里拨号调用了 plus. device. dial。

Device 模块管理设备信息,用于获取手机设备的相关信息,如 IMEI、IMSI、型号和厂商等。通过 plus. device 获取设备信息管理对象。

dial:拨打电话

```
void plus.device.dial(number,confirm);
```

说明:

调用系统程序拨打电话。

参数:

number:(String) 必选,要拨打的电话号码;

confirm:(Boolean) 可选,是否需要用户确认后开始拨打电话

设置为 true 表示打开系统拨打电话界面,需要用户单击拨号按钮后才开始拨打电话,false 则无需确认直接拨打电话,默认值为 true。

返回值:

void:无

平台支持:

Android—2. 2＋ (支持)

iOS—5. 1＋ (支持):忽略 confirm 参数,直接调用拨打电话。

权限：

5+功能模块(permissions)

```
"permissions":{
    "Device":{
        "description":"访问设备信息"
    },
```

第12章 数据统计

这里采用的是百度 echarts 进行数据统计，主要以图形化的方式进行界面展示。

12.1 echarts 报表介绍

echarts 官网：http://www.echartsjs.com。echarts 官方的文档做得很好，提供了各种各样的示例，同时，还可以直接在线修改示例查看运行效果。

新建页面 data-center.html，引入 js 库：

```
<script type="text/javascript" src="../../js/libs/echarts.min.js"></script>
```

1）定义 div 容器

```
<div class="chartContainer">
    <div class="chart" id="todayWorkloadChart"></div>
</div>
```

2）初始化 echarts 实例

```
var charts = g.id('todayWorkloadChart');
var _chart = echarts.init(charts);
```

3）设置初始化属性生成报表视图

这里在 global.js 中进行了封装，里面还添加了 window.onresize，用于在监听浏览器窗体变化时，让报表跟随者一起进行缩放。其实在移动端的话，不监听窗体变化也没关系，因为在第一次进入 App 的时候，手机浏览器的宽高就已经决定了，不会像 PC 端那样自己去调浏览器的大小。代码如下：

```
/**
 * 初始化报表
 * @param {Object} echart 对象
 * @param {Object} chartOption
 */
owner.initEChartsMin = function (_chart,chartOption) {
    _chart.setOption(chartOption);
```

```
    window.onresize = function () {
        _chart.resize();
    }
    return _chart;
}
```

data-center.html 页面报表初始化代码如下：

```
//初始化报表(echarts对象,ajax加载的数据)
initChart:function(chart,data_d) {
    var data = []; //getOption(data);
    var chartOption = {
        color:['#54C599','#FBA288'],
        tooltip:{
            trigger:"axis",
            triggerOn:"mousemove",
            axisPointer:{
                type:"shadow",
                orient:"horizontal"
            },
            orient:"horizontal"
        },
        legend:{
            data:['已完工工单','未完成工单']
        },
        grid:{
            left:'3%',
            right:'4%',
            bottom:'0px',
            containLabel:true
        },
        xAxis:[{
            type:'category',
            data:['维修','模块2','模块3'],
            axisTick:{
                alignWithLabel:true
            }
        }],
        yAxis:[{
            type:'value'
        }],
```

```
        series:[{
            name:'已完工工单',
            stack:"repair",
            type:'bar',
            barWidth:'40',
            data:[data_d[0].FinishQty,data_d[1].FinishQty,data_d[2].FinishQty],
            label:{
                normal:{
                    show:true,
                    position:'inside'
                }
            }
        },
        {
            name:'未完成工单',
            stack:"repair",
            type:'bar',
            barWidth:'40',
            data:[data_d[0].NoFinishQty,data_d[1].NoFinishQty,data_d[2].NoFinishQty],
            label:{
                normal:{
                    show:true,
                    position:'top'
                }
            }
        }]
    };
    console.log('chartOption:'+JSON.stringify(chartOption))
    g.initEChartsMin(chart,chartOption);
}
```

代码解析：配置项 color 中用了一个数组，数组中的颜色依次对应 series 对象中的颜色，也可以在 series 对象中设置 color，其优先级别高于外层 color 数组中的配置。

stack 对象相当于给 series 对象进行分组，stack 名称一样的作为一组，名称相同的一组会进行堆叠。

关于 echarts 配置项的详细说明文档，请参考官网：http://www.echartsjs.com/option.html#title。

4）给报表添加加载中的特效

思路：页面刚加载时，显示加载中的提示框，当 ajax 获取到报表所需的请求数据之后，再关闭加载框，这样能够有效地避免页面加载时出现白屏的情况。主要用到报表示例中的 showLoading()方法和 hideLoading()方法。需要注意的是,应该在 ajax 的 error 方法中调用 hideLoading()方法,避免在 ajax 发送错误,提示框一直显示不关闭的情况。

代码如下:

```
mounted:function () {
    var _self = this;
    var charts = g.id('todayWorkloadChart');
    var _chart = echarts.init(charts);
    todayWorkloadChart = _chart;
    _chart.showLoading();
    g.ajax(config.QueryWorkLoadQty,{
        data:{
            orgCode:config.ORG_CODE,
            userId:config.USER_ID,
            timeType:3
        },
        dataType:'json',
        success:function (data) {
            _chart.hideLoading();
            _self.initChart(_chart,data.Data);
        },
        error:function() {
            _chart.hideLoading();
        }
    });
}
```

如果想在 bar 这样的柱状图中添加单击事件,单击一下就跳转到新页面也是可以的。echarts 的 API 中封装了许多事件,很容易识别当前单击的是报表中的哪一部分内容。具体请参考官方文档:http://echarts.baidu.com/tutorial.html。

12.2 统计工单完成情况

需求:通过报表统计不同时间段维修工单的完成情况,支持自定义日期查询。单击“今日”“本月”“本季度”和“本年度”,报表的配置项都是共用的,只是加载的数据不一致。

运行效果如图 12-1 所示。

单击 Tab 进行切换,这里用到了 MUI 中的侧滑组件,容器样式为“mui-segmented-control”,容器中 a 标签属性 href 指向锚点,这个锚点对应的就是 tap 项关联的

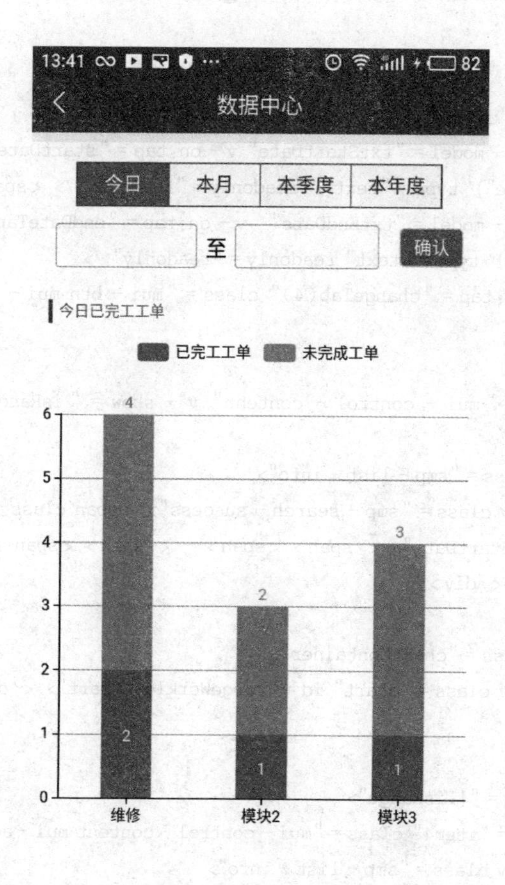

图 12-1　统计工单界面

容器 id。选择日期范围,由于 MUI 自带的日期组件一次只能选择一个日期,所以这里实例化了两个日期控件,然后将选择的起止时间分别显示在界面中。HTML 代码如下：

```
<div class = "mui - content data - center">
    <div class = "line2"> </div>
    <div class = "tab - head">
        <div id = "segmentedControl" class = "mui - segmented - control">
            <a class = " mui - control - item mui - active" v - bind:class = {'no - active':isRange} v - on:tap = "changeTab(3)" href = "#item4"> 今日 </a>
            <a class = "mui - control - item" v - bind:class = {'no - active':isRange} v - on:tap = "changeTab(0)" href = "#item1"> 本月 </a>
            <a class = "mui - control - item" v - bind:class = {'no - active':isRange} v - on:tap = "changeTab(1)" href = "#item2"> 本季度 </a>
            <a class = "mui - control - item" v - bind:class = {'no - active':isRange} v - on:tap = "changeTab(2)" href = "#item3"> 本年度 </a>
```

```
            </div>
        </div>
        <div class = "divFooter">
            <input v - model = "txtStartDate" v - on:tap = "startDateTap( $ event)" data -
options = '{"type":"date"}' type = "text"  readonly = "readonly"/> <span> 至 </span>
            <input v - model = "txtEndDate"  v - on:tap = "endDateTap( $ event)" data - op-
tions = '{"type":"date"}' type = "text" readonly = "readonly" />
            <a v - on:tap = "changeTab(4)" class = "mui - btn mui - xbtn - primary"> 确认
</a>
        </div>
        <div class = " mui - control - content" v - show = " isRange" style = " display:
block;">
            <div class = "smp - list - info">
                <div class = "smp - search - success"> <span class = "rectangle"> </span
> <span v - text = "txtStartDate"> </span> <span> - </span> <span v - text = "txtEndDate"
> </span> 已完工工单 </div>
            </div>
            <div class = "chartContainer">
                <div class = "chart" id = "rangeWorkloadChart"> </div>
            </div>
        </div>
        <div v - show = "! isRange">
            <div id = "item4" class = "mui - control - content mui - active">
                <div class = "smp - list - info">
                    <div class = "smp - search - success"> <span class = "rectangle"> </
span> <span> 今日已完工工单 </span> </div>
                </div>
                <div class = "chartContainer">
                    <div class = "chart" id = "todayWorkloadChart"> </div>
                </div>
            </div>
            <div id = "item1" class = "mui - control - content">
                <div class = "smp - list - info">
                    <div class = "smp - search - success"> <span class = "rectangle">
</span> <span> 本月已完工工单 </span> </div>
                </div>
                <div class = "chartContainer">
                    <div class = "chart" id = "monthWorkloadChart"> </div>
                </div>
            </div>
            <div id = "item2" class = "mui - control - content">
                <div class = "smp - list - info">
```

```
                <div class = " smp - search - success"> < span class = " rectangle">
</span> <span> 本季度已完工工单 </span> </div>
            </div>
            <div class = "chartContainer">
                <div class = "chart" id = "quarterWorkloadChart"> </div>
            </div>
        </div>
        <div id = "item3" class = "mui - control - content">
            <div class = "smp - list - info">
                <div class = " smp - search - success"> < span class = " rectangle">
</span> <span> 本年度已完工工单 </span> </div>
            </div>
            <div class = "chartContainer">
                <div class = "chart" id = "yearWorkloadChart"> </div>
            </div>
        </div>
    </div>
</div>
```

js 代码：

```
//切换选项卡
changeTab:function (tag) {
    if (tag = = 4) {
        App.isRange = true;
    } else {
        App.txtStartDate = '';
        App.txtEndDate = '';
        App.isRange = false;
    }
    setTimeout(function () {
        var _where = {
            orgCode:config.ORG_CODE,
            userId:config.USER_ID,
            timeType:tag
        };
        var _chart = null;
        switch (tag) {
            case 0:
                _id = 'monthWorkloadChart';
                var charts = g.id(_id);
                _chart = monthWorkloadChart || echarts.init(charts);
                break;
```

```
            case 1:
                _id = 'quarterWorkloadChart';
                var charts = g.id(_id);
                _chart = quarterWorkloadChart || echarts.init(charts);
                break;
            case 2:
                _id = 'yearWorkloadChart';
                var charts = g.id(_id);
                _chart = yearWorkloadChart || echarts.init(charts);
                break;
            case 4:
                _id = 'rangeWorkloadChart';
                var charts = g.id(_id);
                _chart = echarts.init(charts);
                _where.strStartDate = App.txtStartDate;
                _where.strEndData = App.txtEndDate;
                break;
            default:
                _id = 'todayWorkloadChart';
                var charts = g.id(_id);
                _chart = todayWorkloadChart || echarts.init(charts);
                break;
        }
        _chart.showLoading();
        g.ajax(config.QueryWorkLoadQty,{
            data:_where,
            dataType:'json',
            success:function (data) {
                _chart.hideLoading();
                App.initChart(_chart,data.Data)
            },
            error:function () {
                _chart.hideLoading();
            }
        });
    },300);
},
```

注意事项：

在 changeTab 方法中，调用了 setTimeout(…,300)方法来进行演示操作，这是因为，在单击 Tab 之后，Tab 对应的容器中的内容还没有显示出来，这个时候，获取数据然后渲染表白会导致渲染失败，因为此时可能连 dom 节点中的表白容器都还获取不到。

结束日期必须大于起始日期，所以在结束日期组件初始化的时候，调用了如下配置选项："options. beginDate＝g. convertDateFromString(App. txtStartDate)；"。设置结束日期组件的开始时间等于选择的开始日期时间。详细代码如下：

```
//开始日期
startDateTap:function (event) {
    var optionsJson = event.target.getAttribute('data-options') || '{}';
    var options = JSON.parse(optionsJson);
    var dtPicker = new mui.DtPicker(options);
    dtPicker.show(function (rs) {
        App.txtStartDate = rs.text;// + " 00:00"
    })
},
//结束日期
endDateTap:function (event) {
    var optionsJson = event.target.getAttribute('data-options') || '{}';
    var options = JSON.parse(optionsJson);
    options.beginDate = g.convertDateFromString(App.txtStartDate);
    var dtPicker = new mui.DtPicker(options);
    dtPicker.show(function (rs) {
        App.txtEndDate = rs.text;// + " 11:59"
    })
},
```

第13章

离线操作

离线操作,即无网操作。目前只实现维修人员签到和完工的无网操作。

需求场景:当维修人员到现场进行签到、完工操作,维修现场信号不好或者没有网络时,也能够进行操作。

操作步骤:在有网环境下,先离线下载需要处理的工单,然后去现场进行维修和完工等操作,在无网环境下所有的操作先保存在手机本地,当再次回到有网环境时,再单击"上传",将离线操作的内容上传到服务器。

要点:

① 签到时间和完工时间存的是签到操作和完工操作时的时间,而不是上传时的时间。

② 离线下载时,下载的故障图片将以 base64 的形式存在本地。

③ 离线上传时,图片也要上传,图片上传属于异步操作,图片上传成功之后还要将图片的地址存储到数据库中。

④ 改造前面签到和完工的代码,增加判断,如果是在无网状态下的操作,就认为是离线操作,将所有的操作信息存储到手机本地数据库中;如果是在有网状态下,则按照原有的业务逻辑执行。

在讲离线操作之前,先普及一下 js 基础知识,因为在接下来的离线操作当中要使用。

13.1 let 和 const

ES6 中新增了 let 和 const 这两种定义变量的方式。看一下它们的区别:

- var 定义的变量,作用域是整个封闭函数,是全域的。var 定义的变量可以修改,如果不初始化会输出 undefined,不会报错。
- let 定义的变量是块级作用域,函数内部使用 let 定义后,对函数外部无影响。
- const 定义的基本类型变量不可以修改,而且必须初始化。但是 const 变量的属性可以修改,如果 const 变量是数组,数组元素也可以修改。也就是说,const 定义的变量如果是基本类型才是不可修改的。

变量提升现象:浏览器在运行代码之前会进行预解析,首先解析函数声明和定义变量，解析完之后再对函数、变量进行运行、赋值等。

不论 var 声明的变量处于当前作用域的第几行，都会提升到作用域的头部。

var 声明的变量会被提升到作用域的顶部并初始化为 undefined，而 let 声明的变量在作用域的顶部未被初始化。先看如下代码：

```
//没有依次打印,为啥
for (var i = 0; i != 3; i ++ ) {
    setTimeout(function () {
        console.log(i);
    },10);
}
//依次打印
for (var i = 0; i != 3; i ++ ) {
    (function (i) {
        setTimeout(function () {
            console.log(i);
        },10);
    })(i);
}
//依次打印
for (let i = 0; i != 3; i ++ ) {
    setTimeout(function () {
        console.log(i);
    },10);
}
```

运行结果如图 13 - 1 所示。

在 for 中每循环一次，let 都重新声明变量，并且因为 JavaScript 引擎会记住上一次循环的值，初始化 i 是在上一轮的基础上计算的。而 var 是声明全局变量，换句话理解就是，声明在 for 循环中的变量，跳出 for 循环同样可以使用。而 setTimeout 相当于模拟异步，里面的代码 console.log 还没来得及执行时，for 循环已经执行完了，var 申明的变量 i 也变成最终值 3。

```
③ 3
0
1
2
0
1
2
```

图 13 - 1 运行结果

而(function (i) {})(i)，这个其实很简单，第一个括号定义了一个匿名函数，后一个括号是指调用了这个函数，并传入参数 i。然后这个匿名函数接受一个参数，命名为 i，这样就形成了一个自变量，因此这个自变量参数命名为 j 也是可以的，代码如下：

```
for (var i = 0; i != 3; i ++ ) {
```

```
    (function (j) {
        setTimeout(function () {
            console.log(j);
        },10);
    })(i);
}
```

13.2　H5本地存储

H5本地存储有两个API，一个是Web Storage，一个是Web SQL。不管是哪一个，都是基于JavaScript语言使用的。

13.2.1　Web Storage

Web Storage，实际上是Cookies存储的进化版。如果了解Cookie的话，Web Storage的使用和Cookie基本一致。

Web Storage两个重要的对象：localStorage和sessonStorage。

1）localStorage

(1) 特性：

域内安全、永久保存。即客户端或浏览器中来自同一域名的所有页面都可以访问localStorage数据且数据除了删除否则永久保存，但客户端或浏览器之间的数据相互独立。

(2) 四个函数：

localStorage. setItem　　存储数据信息到本地
localStorage. getItem　　读取本地存储的信息
localStorage. removeItem　　删除本地存储的信息
localStorage. clear　　清空所有存储的信息

2）sessonStorage

(1) 特性：

会话控制、短期保存。会话概念与服务器端的session概念相似，短期保存指窗口、浏览器或客户端关闭后自动消除数据。

(2) 四个函数：

sessionStorage. setItem　　存储数据信息到本地
sessionStorage. getItem　　读取本地存储的信息
sessionStorage. removeItem　　删除本地存储的信息
sessionStorage. clear　　清空所有存储的信息

可以看到localStorage和sessonStorage对象的方法名称、方法参数和方法的功能都是一样的。

① setItem(键名,键值)

在本地客户端存储一个字符串类型的数据,其中,第一个参数“键名”代表了该数据的标识符,而第二个参数“键值”为该数据本身。

② getItem(键名)

读取已存储在本地的数据,通过键名作为参数读取出对应键名的数据。

③ removeItem(键名)

移除已存储在本地的数据,通过键名作为参数删除对应键名的数据。

在 H5＋API 中封装 Storage 对象。

Storage 模块管理应用本地数据存储区,用于应用数据的保存和读取。应用本地数据与 localStorage、sessionStorage 的区别在于数据有效域不同,前者可在应用内跨域操作,数据存储期是持久化的,并且没有容量限制。通过 plus. storage 可获取应用本地数据管理对象。

方法:

getLength:获取应用存储区中保存的键值对的个数;

getItem:通过键(key)检索获取应用存储的值;

setItem:修改或添加键值对(key-value)数据到应用数据存储中;

removeItem:通过 key 值删除键值对存储的数据;

clear:清除应用所有的键值对存储数据;

key:获取键值对中指定索引值的 key 值。

在配置文件中的 manifest. json,permissions 节点下要添加如下配置权限:

```
"Storage":{
    "description":"管理应用本地数据"
},
```

在项目源码中,js/common 目录下的 myStorage. js 文件是对 window. localStorage 和 plus. storage 的封装,从而充分利用两者的优点。

window. localStorage 存取速度快,但是容量有限制。plus. storage 存取速度慢但是无限制。

封装的方法就是,在容量没有超出的情况下存储数据到 window. localStorage 中,超出了的情况下,就存储到 plus. storage 中。取数据时,当从 window. localStorage 中获取不到数据时,就接着从 plus. storage 中获取数据。

13. 2. 2 Web SQL Database

同 Web Storage 相比,Web SQL 的功能可谓非常强大,它能在浏览器或客户端直接实现一个本地的数据库应用。

Web SQL 数据库 API 并不是 HTML5 规范的一部分,但它是一个独立的规范,引入了一组使用 SQL 操作客户端数据库的 API。

以下是规范中定义的三个核心方法：

openDatabase：使用现有的数据库或者新建的数据库创建一个数据库对象；

transaction：能够控制一个事务，以及基于这种情况执行提交或者回滚；

executeSql：这个方法用于执行实际的 SQL 查询。

打开数据库：

可以使用 openDatabase() 方法来打开已存在的数据库，如果数据库不存在，则创建一个新的数据库，代码如下：

```
var db = openDatabase('mydb','1.0','Test DB',2 * 1024 * 1024);
```

openDatabase() 方法对应的五个参数说明：

① 数据库名称

② 版本号

③ 描述文本

④ 数据库大小

⑤ 创建回调

第五个参数，创建回调会在创建数据库后被调用。此处通过看一个完整示例，来演示 CRUD 的使用，示例代码如下：

```
var db = openDatabase('mydb','1.0','Test DB',2 * 1024 * 1024);
var msg;
//插入数据 - C
db.transaction(function (tx) {
    tx.executeSql('CREATE TABLE IF NOT EXISTS LOGS (id unique,log)');
    tx.executeSql('INSERT INTO LOGS (id,log) VALUES (1,"H5 + 移动应用开发实战")');
    tx.executeSql('INSERT INTO LOGS (id,log) VALUES (2,"www.runoob.com")');
    msg = ' <p> 数据表已创建，且插入了两条数据。</p> ';
    document.querySelector('#status').innerHTML =  msg;
});
//删除数据 - D
db.transaction(function (tx) {
    tx.executeSql('DELETE FROM LOGS  WHERE id = 1');
    msg = ' <p> 删除 id 为 1 的记录。</p> ';
    document.querySelector('#status').innerHTML =  msg;
});
//更新数据 - U
db.transaction(function (tx) {
    tx.executeSql('UPDATE LOGS SET log = \'www.w3cschool.cc\' WHERE id = 2');
    msg = ' <p> 更新 id 为 2 的记录。</p> ';
    document.querySelector('#status').innerHTML =  msg;
```

```
});
//查询数据 - R
db.transaction(function (tx) {
    tx.executeSql('SELECT * FROM LOGS',[],function (tx,results) {
        var len = results.rows.length,i;
        msg = "<p>查询记录条数:" + len + "</p>";
        document.querySelector('#status').innerHTML += msg;
        for (i = 0; i <len; i++){
            msg = "<p> <b>" + results.rows.item(i).log + "</b> </p>";
            document.querySelector('#status').innerHTML += msg;
        }
    },null);
});
```

此处在 js/common/webSql.js 中对 Web Sql 的操作进行了封装。有一个地方需要特别注意,获取表中记录数的方法,在 Android 和 iOS 中是不一样的,iOS 不支持 count(*)查询。在下面 mui.os.ios 中的代码其实在 Android 中也是适用的,但是其性能肯定不如 count(*)来得快,因此 Android 依旧采用的是 count(*)方式。代码如下:

```
counts:function (tableName,condition,callback) { //读取表记录数
    /*
        @param  tableName 表名
        @param  condition 查询条件   'where name = "汪文君"'
        @param  callback  回调  传递参数为真则查询成功 反之查询失败
    */
    var _condition = this.isString(condition) ? condition:'';
    var _callback = this.isFunction(condition) ? condition:this.isFunction(callback)
? callback:new Function;
    var _db = this.database,
        _me = this,
        _re = [];
    if (mui.os.ios) { //iOS 特有的
        _db.transaction(function (tx) {
            tx.executeSql('SELECT NO FROM ' + tableName + ' ' + _condition + ' ',[],
function (tx,results) {//count ( * ) as num
                if (results && results.rows) {
                    _re = _me.toArray(results.rows);
                    _callback(_re.length);
                } else {
                    _callback(0);
                }
```

```
                }, function (tx, error) {
                    _callback(0);
                    console.error('查询失败');
                });
            });
        } else {
            _db.transaction(function (tx) {
                tx.executeSql('SELECT count ( * ) as num FROM ' + tableName + '' + _condi-
tion + '', [], function (tx, results) {//count ( * ) as num
                    if (results && results.rows) {
                        if (results.rows[0]) {
                            _callback(results.rows[0].num);
                        } else {
                            _callback(0);
                        }
                    } else {
                        _callback(0);
                    }
                }, function (tx, error) {
                    _callback(0);
                    console.error('查询失败');
                });
            });
        }
        return this;
    },
```

13.3 js 异步编程

javascript 语言的执行环境是"单线程(single thread)",所以异步编程对 JavaScript 语言很重要。如果没有异步编程,会非常卡。js 异步编程,主要有下述几种实现方式。

13.3.1 回　调

通过回调实现异步,优点是简单、容易理解和部署;缺点是不利于代码的阅读和维护,各个部分之间高度耦合(Coupling),使得程序结构混乱、流程难以追踪(尤其是回调函数嵌套的情况),而且每个任务只能指定一个回调函数。传说中的"callback hell" 回调地狱,就是来自回调函数,而回调函数也是最基础最常用的处理 js 异步操作的办法,比如常用的 ajax。举个例子,假设定义三个函数:

```
function fun1() {
    setTimeout(() => {
        console.log('Function 1')
    },500)
}
function fun2() {
    setTimeout(() => {
        console.log('Function 2')
    },500)
}
function fun3() {
    setTimeout(() => {
        console.log('Function 3')
    },500)
}
```

现在希望可以依次执行 fun1、fun2、fun3。为了保证 fun3 在 fun2 之后执行，需要在 fun2 中对 fun3 进行回调。为了保证 fun2 在 fun1 之后调用，要在 fun1 中对 fun2 进行回调。代码如下：

```
function fun1() {
    setTimeout(() => {
        console.log('Function 1');
        fun2();
    },500)
}
function fun2() {
    setTimeout(() => {
        console.log('Function 2');
        fun3();
    },500)
}
fun1(); //开始调用
```

13.3.2 promise

promise 是异步编程的解决方案，它是一种容器，保存着异步操作的结果，可以把异步函数以同步函数的形式写出来。

特点：

(1) 对象状态不受外界影响，有三个状态 pending()、fulfilled()和 rejected()，只

有异步操作才会更改这个状态，其他操作无法改变这个状态。

(2) 一旦状态改变，无论是 pending→fulfilled 或 pending→rejected，状态都会凝固住，其称为 resolve。通过 promise 的回调函数可以立即得到这个结果，与事件监听不同，一旦事件错误，就无法再次监听。

(3) 避免了回调函数的层层嵌套，实际上写 promise 时，虽然没有回调函数的层层嵌套，但是又有 then 的嵌套，这个又有新的解决方法。看下使用 promise 代码如何实现，代码如下：

```
function fun1() {
    return new Promise((resolve,reject) => {
        setTimeout(() => {
            console.log('Function 1');
            resolve();
        },500);
    });
}
function fun2() {
    return new Promise((resolve,reject) => {
        setTimeout(() => {
            console.log('Function 2');
            resolve();
        },500);
    });
}
function fun3() {
    return new Promise((resolve,reject) => {
        setTimeout(() => {
            console.log('Function 3');
            resolve();
        },500);
    });
}
fun1().then(() => { fun2() }).then(() => { fun3() });
```

13.3.3 generator

generator 函数是一个异步函数，只有异步操作有结果才会交还执行权。

generator 用到了 ES6 的遍历 Iterator 的概念，创建一个指针对象，指向数据结构的起始位置，每次 next 都指向下一个指针结构成员，直至指向的下一个结构成员为 undefined。

generator 的概念就是，每次遍历都使用 next 方法，内部指针从结构头部指向下一个结构成员，直至下一个结构成员为 undefined，遇到 yield 或 return 时会返回 value 和 done 参数，value 表示 yield 或 return 的值，done 表示是否结束。

如果说 Promise 的使用能够化回调为链式，那么 generator 则可以消灭一大堆的 Promise 特征方法，比如一大堆的 then()。看下 generator 方式的代码，代码如下：

```
function fun1 () {
    setTimeout(() => {
        console.log('Function 1')
        af.next()
    },500)
}
function fun2 () {
    setTimeout(() => {
        console.log('Function 2')
        af.next()
    },500)
}
function fun3 () {
    setTimeout(() => {
        console.log('Function 3')
        af.next()
    },500)
}
function* asyncFunArr (...fun) {
    yield fun[0]()
    yield fun[1]()
    yield fun[2]()
}
const af = asyncFunArr(fun1,fun2,fun3)
af.next();
```

13.3.4 es7 语法糖 async/await

如果你也跟我一样写过 C# 程序，那么你应该对 async/await 比较熟悉。

async 异步函数是 promise 的完成状态，async 函数直接通过 then 方法去获取状态改变值，catch 来获取错误。

await 只允许在 async 内部使用，就是 async 异步函数内部想要继续调用 then 方法，就可以采用 await 异步函数，await 异步函数是内部的 async 异步函数。

async 极大地精简了 promise 的操作，代码如下：

```
function fun1 () {
    return new Promise((resolve,reject) => {
        setTimeout(() => {
            console.log('Function 1')
            resolve()
        },500)
    })
}
function fun2 () {
    return new Promise((resolve,reject) => {
        setTimeout(() => {
            console.log('Function 2')
            resolve()
        },500)
    })
}
function fun3 () {
    return new Promise((resolve,reject) => {
        setTimeout(() => {
            console.log('Function 3')
            resolve()
        },500)
    })
}
async function asyncFunArr () {
    await fun1()
    await fun2()
    await fun3()
}
asyncFunArr()
```

细心的朋友会发现在定义异步函数的时候,其内容和前文使用 Promise 的时候是一模一样的,再看执行函数 asyncFunArr(),其执行方式和使用 generator 的时候也非常相似。

异步的操作都返回 Promise,需要顺序执行时只需要 await 相应的函数即可,这种方式在语义化方面非常友好,对于代码的维护也很简单——只需要返回 Promise 并 await,无需像 generator 那般自己去维护内部 yield 的执行。

13.4 离线操作表结构

先来看一下本地数据库中用到了哪些表才支持了离线操作。

说明:表中有部分字段在现有项目中已经不再使用,但依旧保留了下来,日后扩展可能会用到。

```
//websql 数据表 (离线存储数据表)
var smp_tb = {
    repair_tb:'tb_repair_order',                 //维修工单表
    img_tb:'tb_img_order',                       //工单图片表
    signin_tb:'tb_signin',                       //拍照签到表
    over_tb:'tb_over',                           //完工表
    fault_type_tb:'tb_faultType',                //故障类型
}
```

表中字段 sys_updatetime 是关系型数据库和 redis 缓存同步用的,这里无须理会。相关项如表 13-1～表 13-5 所列。

表 13-1 tb_repair_order(维修工单表)

字段名称	字段说明	示例值
NO	工单号	W440180726001
ORG_CODE	项目编码	4403Z01
EQT_WORK_ID	设备类型	0
IS_URGENCY	是否紧急(1:是,0:否)	0
STATE	工单状态	C
REPORT_USER_CODE	报修人编码	null
CREATE_USER_ID	创建人 ID	4403001
REPORT_USER_NAME	报修用户姓名	邹琼俊
REPORT_ROLE_ID	报修人角色 ID	null
PHONE	报修电话	15243641131
DEPT_CODE	报修部门编号	ZHJD
FAULT_INFO	故障描述	衣服坏了
ADDRESS	维修地点	深圳市福田区深南大道[4009]号
SOURCE	报修来源(电话报修、微信公众号、App 报修)	C
FAULT_TYPE	故障类型	GZDT01
LABOR_COST	人工费用	0
PART_COST	配件费用	0

续表 13－1

字段名称	字段说明	示例值
SUMMARY	维修说明	null
RECEIVE_TYPE	接收类型	0
BOOK_TIME	预约维修时间	null
EQ_ID	设备编号	null
EQP_NAME	设备名称	null
ACCEPT_USER_ID	接单人 ID	1
SIGN_TIME	签到时间	2018－07－26 10:26:08
ACCEPT_TIME	接单时间	2018－07－26 10:21:08
DISPATCH_USER_ID	派工人	4403001
FINISH_SIGN	完工签名	null
FINISH_INFO	完工描述	已修好
FINISH_TIME	完工时间	2018－07－26 15:21:08
DISPATCH_TIME	派工时间	2018－07－26 09:21:08
NEED_HELP	是否有协助调派	0
NEED_DISPATCH	是否需要调度	0
HELP_SEND_TIME	调派时间	null
CONFIRM_USER_ID	审核人	null
CONFIRM_TIME	审核时间	null
CONFIRM_SIGN	审核签名	null
CONFIRM_STATUS	审核状态	null
REPORT_TIME	报修时间	2018－07－26 09:21:08
PRESS_NUM	催单次数	0
PRESS_FIRST_TIME	首次催单时间	null
PRESS_LAST_TIME	最近催单时间	null
MEMO	备注	null
CREATE_USER_ID	创建人	1
sys_updatetime	更新标识	
IS_WAITING	是否等待处理	0
OTHER_DEV_NAME	其它部门名称	null
LIMIT_TIME	限定时间	null
BUILD_ID	建筑编号	1
BUILD_NAME	建筑名称	XX 小区 1 栋
DIST_ID	行政区域	440303

表 13-2　tb_signin 拍照签到表

字段名称	字段说明	示例值
NO	工单号	W4403Z01181011002
STATE	工单状态	A
SOURCE	报修来源(电话报修、微信公众号、App 报修)	C
money	奖励金额	0
hour	限定完成 h 数	0
SIGN_TIME	签到时间	2018-10-11T17:01:33
REPORT_USER_NAME	报修人姓名	邹玉杰
PHONE	签到人电话号码	15243641131
ORG_CODE	项目编号	4403Z01
REPORT_USER_ID	报修人 ID	1
DEPT_CODE	部门编号	WXB
REPORT_TIME	报修时间	2018-10-11T17:01:33
BOOK_TIME	预约时间(废弃)	2018-10-11T17:01:33
ACCEPT_USER_ID	接单人 ID	2

表 13-3　tb_img_order 工单图片表

字段名称	字段说明	示例值
NO	工单号	W4403Z01181011002
SUB_TYPE	子类型(根据工单状态)	C(完工)
BUSINESS_TYPE	业务类型(根据工单类型)	R(维修)
localImgUrl	本地图片相对路径	_doc/upload/signInImg-P80701-191233.jpg
fullLocalImgUrl	本地图片绝对路径	"file:///storage/emulated/0/Android/data/io.dcloud.HBuilder/Apps/HBuilder/doc/upload/signInImg-P80701-191233.jpg"
imgblog	图片 base64	null

表 13-4　tb_over 完工表

字段名称	字段说明	示例值
NO	工单号	W4403Z01181011002
FINISH_SIGN	完工签名	4403006
FINISH_TIME	完工时间	2018-07-26 10:26:16
STATE	工单状态	C

续表 13－4

字段名称	字段说明	示例值
FAULT_TYPE	错误类型	GZDT02
ORG_CODE	项目编号	4403Z01
CREATE_USER_ID	创建人 ID	4403006
FINISH_INFO	完工说明	已经修好了哦

表 13－5　tb_faultType 故障类型

字段名称	字段说明	示例值
CODE	故障类型编码	GZDT01
EQT_ID	设备类型编号	4403Z01
NAME	故障类型名称	设备故障
sys_updatetime	系统更新标识	2018－09－19T11:03:55.670795Z
STATE	是否启用	1
CREATE_USER_ID	创建用户 ID	1
MODIFY_TIME	修改时间	null
MODIFY_USER_ID	修改人	null
CREATE_TIME	创建时间	2018－09－19T11:04:06

13.5　批量下载工单

我将所有与上传和下载相关的代码都单独放到了 js/App/home/ offlineUpload.js 文件中，代码中异步的方式都是用回调的方式实现的，读者可以参考 13.3 节用其他形式对异步操作的代码进行重构。

单击“下载”按钮时，如果当前是无网状态，会提示“请先打开网络！”，如果在有网状态下，则会弹出一个下载确认提示框，防止误操作，当单击“确定”时，会出现如图 13－2 所示界面。

代码中有一个方法 getTypeTextByTypeId 是用于获取当前模块名称的，因为当前选择的是“维修”模块，所以下载的是维修的单，如果选择的是“模块 1”则下载的是“模块 1” 的单，本书中项目只开发了维修模块。代码如下：

```
//开始离线存储
offline:function () {
    if (! g.getNetStatus()) {
        mui.toast("请先打开网络!");
        return;
```

图 13-2　下载界面

```
        }
        var typeText = getTypeTextByTypeId(App.typeid);
        mui.confirm('确认开始' + typeText + '离线下载吗?','离线下载',btn,function (e) {
            if (e.index == 0) {
                startDownLoad(App.typeid);
            }
        });
    },
```

注意：当单击确认下载时，如果检测到有未上传的维修工单，则会再次弹出确认提示框，“有未上传的维修工单，下载将会进行覆盖，确认继续下载吗?”。如果单击确认，将会清空原来存储在本地的待上传工单记录。代码如下：

```
//开始离线下载
function startDownLoad(typeid) {
    switch (typeid) {
        case TaskType.repair.value:
```

```
            startDownLoadRepair();
            break;
……
    }
}
//维修离线下载
function startDownLoadRepair() {
    var result = true;
        _database.counts(smp_tb.signin_tb,"",function (res) {
            result = res > 0 ? false:result;
            _database.counts(smp_tb.over_tb,"",function (res) {
                result = res > 0 ? false:result;
                if (result == false) {
                    confirmDownLoad('维修',offlineDownLoad);
                } else {
                    offlineDownLoad();
                }
            });
        });
}
//下载确认
function confirmDownLoad(title,func) {
    mui.confirm('有未上传的'+ title +'工单,下载将会进行覆盖,确认继续下载吗?','
下载确认',['取消','确定'],function (e) {
        if (e.index == 1) {
            if (func) {
                func();
            }
        }
    });
}
```

接下来就是离线下载操作,离线下载,按报修时间降序排列,下载当前用户最近20条已接单但未完成的工单。代码如下:

```
//离线下载
function offlineDownLoad() {
    var _msg = "维修工单正在开始离线下载,这可能需要几分钟时间,请稍后...";
    mui.toast(_msg);
    g.showWaiting("下载中...");
        //工单信息同步
        g.ajax(config.GetRepairBillHistroyPageToOffline,{//'00006'||
            data:{ "orgCode":config.ORG_CODE,"userId":config.USER_ID,"state":
```

```
null,"deptCode":null,"reportTime_BT":g.operationDate(-365),"reportTime_ET":g.operationDate(+1),"start":0,"pageSize":20},
                type:'POST',
                isShowing:true,
                async:false,//同步请求
                success:function (data) {
                    clearDb(_database,function () {
                        if (data != null && data.Data != null && data.Data.lstData != null) {
                            var _list = data.Data.lstData;
                            _database.add(smp_tb.repair_tb,_list,function (res) {
                                console.log("工单:" + res);//成功
                            });
                            //mui.toast("开始存储工单图片")
                            for (var i = 0; i <_list.length; i++) {
                                (function (i) {
                                    App.loadImg(_list[i].NO,_list[i].SOURCE,BillType.wx.value);
                                })(i);
                            }
                            App.loadGetFaultType(_list.length);
                        }
                    });
                }
            });
    }
```

在上述代码中调用了 loadImg 方法，这是下载工单图片存储在本地数据表 smp_tb.img_tb 中的方法。代码如下：

```
    //工单图片信息
    loadImg:function (no,source,btype) {
        if (no != '') {
                g.ajax(config.GetBillFile,{
                    data:{
                        BILL_NO:no,
                        BUSINESS_TYPE:btype
                    },
                    async:false,//同步
                    isShowing:true,
                    success:function (data) {
                        var _tb = getImgTbByType(btype);
                        if (data.Data.length > 0) {
```

```
                    for (var i = 0; i <data.Data.length; i++) {
                        (function (i) {
                            var _FILE_TRUEPATH = data.Data[i].FILE_TRUEPATH;
console.log('_FILE_TRUEPATH:' + _FILE_TRUEPATH);
                            if (data.Data[i].SUB_TYPE != WorkOrderStatus.wait-
Order.value) { //状态不是报修状态的话,图片报修来源一定是 App
                                source = RepairSource.App.value;
                            }
                            var _fullImgUrl = App.getImg ( _FILE_TRUEPATH,
source);
                            var imgobj = { NO:no, SUB_TYPE:data.Data[i].SUB_
TYPE,BUSINESS_TYPE:data.Data[i].BUSINESS_TYPE,localImgUrl:'',fullLocalImgUrl:'',imgblog:
null };
                            g.setBase64Img(_fullImgUrl,imgobj,function (_img) {
                                _database.addBlob(_tb,[_img],5,true,function
(res) {

                                });
                            });
                        })(i);
                    }
                }
            }
        });
    }
},
```

13.6 批量上传工单

当在离线状态下进行签到、完工等操作后,重新打开网络,可以单击“上传”按钮,将所有离线操作的工单数据批量更新到系统当中去。这其实就相当于批量操作了,需要注意的是,批量操作也要遵循操作顺序,比如同一工单的签到操作肯定是在完工操作之前执行的,所以要保留这样的操作顺序。此处可以先批量提交所有工单的签到操作,然后再批量提交完工操作。逐条工单先提交签到数据,再提交完工数据。本项目中采用的是前一种方式。

由于离线操作的信息将会存在本地数据库中,当批量上传成功后,就应该把相应的数据进行清除。

13.6.1 上传签到操作

先看一下上传签到的代码:

```
var errorNums = 0;//异常工单数
var smp_signinNums = 0;//需要上报的签到工单数
var uploadSigninNums = 0;//已上报的签到工单数
var smp_overNums = 0;//需要上传的总完工单数
var uploadOverNums = 0;//已经上传的完工单数

function initNums() {
    errorNums = 0;
    smp_signinNums = 0;
    uploadSigninNums = 0;
    uploadOverNums = 0;
    smp_overNums = 0;
}
//上传工单
function startUpload() {
    getSigninOrderNo();
}
//获取需要上传的签到工单
function getSigninOrderNo() {
    initNums();
    _database.read(smp_tb.signin_tb,'ORDER BY NO DESC',function (res) {
        smp_signinNums = res.length;
        if (res != [] && res.length > 0) {
            mui.toast("开始进行维修工单上传,共" + res.length + "条签到记录")
            for (var i = 0; i <res.length; i++ ) {
                (function (i) {
                    if (! g.isEmpty(res[i].NO)) {
                        console.log('签到 no:' + res[i].NO)
                        uploadSigninOrder(res[i]);
                    }
                })(i);
            }
        }
        else {
            getOverOrderNo();
            mui.toast("没有需要上传的维修签到记录");
        }
    });
}
//获取要上传的签到图片 smp_tb.img_tb
function uploadSigninOrder(signin_tb) {
    if (App.typeid == TaskType.repair.value) {//维修没有签到的图片
```

```
        addSigninDataOffline(config.SignRepair,signin_tb);
    }
}
//添加维修签到
function addSigninDataOffline(api,signin_tb) {
    g.ajax(api,{
        data:signin_tb,
        async:false,//同步请求
        isShowing:true,
        success:function (data) {
            if (data.Data == 1) {
                console.log('维修签到,操作成功');
                uploadSigninNums ++ ;
                delSigninData(signin_tb.NO);
                if (uploadSigninNums == smp_signinNums) {
                    mui.toast("维修签到工单上传成功！共" + smp_signinNums + "条记录。");
                    setTimeout(getOverOrderNo(),2000 + smp_signinNums * 500);
                }
            }
        },error:function () {
            uploadSigninNums ++ ;
            errorNums ++ ;
            delSigninData(signin_tb.NO);
        }
    });
}
//删除已上报的签到工单数据
function delSigninData(no) {
    _database.remove(smp_tb.signin_tb,"where NO = '" + no + "'");
    closeWatingNow();
}
```

代码解析:先从签到表中读取进行了离线签到的记录,然后构造数据调用签到操作的接口。

```
setTimeout(getOverOrderNo(),2000 + smp_signinNums * 500);
```

在上述代码中,模拟了延时,从执行时机上来讲,这是不严谨的,因为无法确定在延时了指定的时间后,所有的签到操作已经上传成功。严谨的方式应该是,当已上传的签到工单数等于待上传的签到工单数时,执行上传完工操作。代码如下:

```
if (uploadSigninNums == smp_signinNums) {
    getOverOrderNo()
}
```

但是这样会存在一个问题：如果有一张工单提交签到失败，将不会再执行批量提交完工操作，那么，在提交签到失败时，也将上传的签到工单数 uploadSigninNums 加 1，这样一来，即便有签到操作上传失败，也不会影响完工操作的上传。

下面的上传完工操作，便采用这种方式。考虑到在这个业务场景中，签到和完工的操作顺序并不影响最终结果，所以这里采用了模拟延时的方式，读者应根据自己的需求来选择适合的方式实现。

13.6.2 上传完工操作

在上传完签到操作之后，紧接着就进行上传完工操作，上传完工操作代码如下：

```
//获取需要上传的完工工单 over_tb
function getOverOrderNo() {
    _database.read(smp_tb.over_tb,'ORDER BY NO DESC',function (res) {
        if (res != [] && res.length > 0) {
            mui.toast("开始上传维修完工记录,共" + res.length + "条完工记录需要
上传");
            smp_overNums = res.length;
            for (var i = 0; i <res.length; i++ ) {
                (function (i) {
                    setTimeout(function () {
                        if (! g.isEmpty(res[i].NO)) {
                            uploadOverOrder(res[i])
                        }
                    },500)
                })(i);
            }
        } else {
            g.closeWaiting();
            mui.toast("没有要上传的维修完工记录")
        }
    });
}
//获取要上传的完工图片 smp_tb.img_tb
function uploadOverOrder(over_tb) {
    _database.read(smp_tb.img_tb,"where NO = '" + over_tb.NO + "' and SUB_TYPE = 'C'
and BUSINESS_TYPE = 'R'",function (res) {
        var smpOverImgArray = [];
        if (res != [] && res.length > 0) {
            for (var i = 0; i <res.length; i++ ) {
```

```
                var _path = res[i].fullLocalImgUrl;
                if (_path != "") {
                    smpOverImgArray.push(_path);
                }
                if (smpOverImgArray.length == 0) {
                    break;
                }
            }
            if (config.isMock) {
                var strRes = "";
                for (var i = 0; i <smpOverImgArray.length; i++) {
                    var itemkey = smpOverImgArray[i];
                    console.log(itemkey);//file:///storage/emulated/0/Android/da-
ta/io.dcloud.HBuilder/Apps/HBuilder/doc/upload/F_SMP - 20181012133808632P81008 -
122534.jpg
                    strRes += '{ "Name":"' + itemkey + '","code":"' + itemkey + '" }';
                }
                overFunOffline('{ "StatusCode":200,"Message":"上传成功","Data":['
 + strRes + '] }',over_tb);
            } else {
                uploadOverImgeOffline(config.uploadImgUrl,config.USER_ID,overFun-
Offline,over_tb,smpOverImgArray);
            }
        }
    });
}
//上传图片
function uploadOverImgeOffline(url,userId,fun,over_tb,smpOverImgArray) {
    console.log(smpOverImgArray.length);
    if (smpOverImgArray.length == 0) {
        fun(null,over_tb);
        returnfalse;
    }
    console.log('url:' + url);
    var task = plus.uploader.createUpload(url,{
        method:"POST"
    },
        function (t,status) {
            if (status == 200) {
                //console.log('上传成功:' + JSON.stringify(t))
                fun(t.responseText,over_tb);
            } else {
```

```
                console.log('上传失败');
                fun(null,over_tb);
            }
        }
    );
    task.addData("USERID",userId);
    for (var i = 0; i <smpOverImgArray.length; i++) {
        var itemkey = smpOverImgArray[i];
        task.addFile(itemkey,{
            key:itemkey
        });
    }
    task.start();
    return true;
}
//完工图片上传成功、回调添加数据
var overFunOffline = function (d,over_tb) {
    if (d) {
        console.log('d:' + JSON.stringify(d));
    }
    if (d == null || d == '' || JSON.parse(d).Data.length <1) {
        console.log('请重新上传完工图片');
        addOverDataOffline(over_tb);
        return;
    }
    var FILENAMES = '',
        FILE_PATHS = '',
        v = {};

    for (var i = 0; i <JSON.parse(d).Data.length; i++) {
        console.log(JSON.parse(d).Data[i].code);
        FILENAMES += JSON.parse(d).Data[i].Name;
        FILE_PATHS += JSON.parse(d).Data[i].code;
        var j = i + 1;
        if (j <JSON.parse(d).Data.length) {
            FILENAMES += ',';
            FILE_PATHS += ',';
        }
    }
    v = {
        BUSINESS_TYPE:BillType.wx.value,
        SUB_TYPE:WorkOrderStatus.waitOver.value,
```

```
        BILL_NO:over_tb.NO,
        FILENAME:FILENAMES,
        FILE_PATH:FILE_PATHS,
        CREATE_USER_ID:config.USER_ID,
        CREATE_TIME:over_tb.FINISH_TIME
    }
    if (FILENAMES != '') {
        g.ajax(config.AddBillFile,{
            data:v,
            dataType:'json',
            async:false,//同步请求
            isShowing:true,
            type:'post',
            success:function (data) {
                console.log('完工文件上传:' + JSON.stringify(data));
                if (data && data.Data != 0) {
                    console.log('完工文件上传成功');
                    addOverDataOffline(over_tb);
                } else {
                    console.log('操作失败');
                    addOverDataOffline(over_tb);
                }
            },
            error:function () {
                errorNums++;
                addOverDataOffline(over_tb);
            }
        });
    }
}
//完工 addOverDataOffline
function addOverDataOffline(over_tb) {
    g.ajax(config.FinishRepair,{
        data:over_tb,
        dataType:'json',//服务器返回 json 格式数据
        type:'post',//HTTP 请求类型
        async:false,//同步请求
        isShowing:true,
        headers:{
            'Content-Type':'Application/json'
        },
        success:function (data) {
```

```
            if (data && data.Data == '1') {
                console.log('完工操作成功');
                delOverData(over_tb.NO);
                uploadOverNums++;
                if (smp_overNums == uploadOverNums) {
                    mui.toast("维修完工工单上传成功！共" + smp_overNums + "条
记录。");
                    g.closeWaiting();
                    if (App.getTaskList) {
                        App.getTaskList(TaskType.repair.value);
                    }
                }
            } else {
                delOverData(over_tb.NO);
                uploadOverNums++;
            }
        },
        error:function () {
            errorNums++;
            delOverData(over_tb.NO);
            uploadOverNums++;
        }
    });
}
//删除已上报的完工工单数据
function delOverData(no) {
    _database.remove(smp_tb.over_tb,"where NO = '" + no + "'");
    closeWatingNow();
}
function closeWatingNow(){
    if (errorNums > 0) {
        console.log("errorNums:" + errorNums);
        setTimeout(g.closeWaiting(),5000);
    }
}
```

代码解析：首先获取所有需要上传的完工记录，然后根据工单号，获取完工图片；先上传完工图片，获取上传图片后返回的图片标识，再将工单号和图片标识一并存入到工单图片表中，最后再提交完工信息。提取完工信息之后，清除相关完工的数据。

获取需要上传的完工图片时需要注意，这里并没有真正的上传图片，而是模拟了图片上传，其实是将图片在手机上的绝对路径存储起来了。因为没有提供相应的图片上传接口，所以“上传图片”的步骤这里其实根本没有执行。

在这里上传完工操作，存在一处明显的缺陷，那就是上传完工图片失败后，依旧上传了完工信息，而不是进行回滚，在既要上传数据又要上传图片的时候，通常有两种方式，来保持事务：

- 先上传图片，再上传信息，有一步出现错误，另一步操作要回退；
- 先上传信息，再上传图片，有一步出现错误，另一步操作要回退。

在真实的应用场景中，读者应该考虑事务的完整性。

最终批量上传的运行效果如图 13－3 所示。

图 13－3　批量上传界面

第 14 章 发布应用

当 App 的开发完成之后，如果想让用户能够安装，必须先将 App 应用打包成安装包。如果想让广大用户直接在应用市场中能够搜索到的话，还要将其发布到相应的应用市场。

14.1 App 打包

将开发的 App 应用源码进行打包，Android 安装包后缀名是 apk，iOS 安装包后缀名是 ipa。

在发包之前，首先要确认项目配置信息是否正确，是发测试包还是生产包？如果是发测试包就把配置信息改为测试环境的配置，如果是生产包就将配置信息改为生产环境的配置。其次要检查 App 应用相关的配置，具体可以在 HBuilder 中直接双击 manifest.json 文件，它支持部分可视化配置，如图 14-1 所示。

除了 AppID 是自动获取且不可修改外，其他配置项都是可自定义的。当确认配置无误后，就可以进行打包了。

打开 HBuilder，展开需要打包的项目，打开项目中的任意一个文件，表示当前选中的是这个项目。然后单击工具栏中的“发行→云打包→打原生安装包”，如图 14-2 所示。

如果打包为 Android 包，如图 14-3 所示。

至于广告联盟和换量联盟那块的配置，可以直接全部去掉勾选。如果想赚广告费的话，可以去“DCloud 开发者平台”进行实名认证，然后勾选这些选项，就可以赚广告费了。

发 iOS 包的配置信息如图 14-4 所示。

AppID：在苹果开发者中心申请的 App IDs。profile 文件的后缀是“.mobileprovision”。私钥证书的文件名后缀是“.p12”。

说明：因为采用的是在线云打包方式，所以先将代码压缩然后上传到云服务器上面进行打包，打包完成之后将会自动下载到本地，已经打包完的文件在云服务器上面会保留 3 天，3 天后将会自动删除。

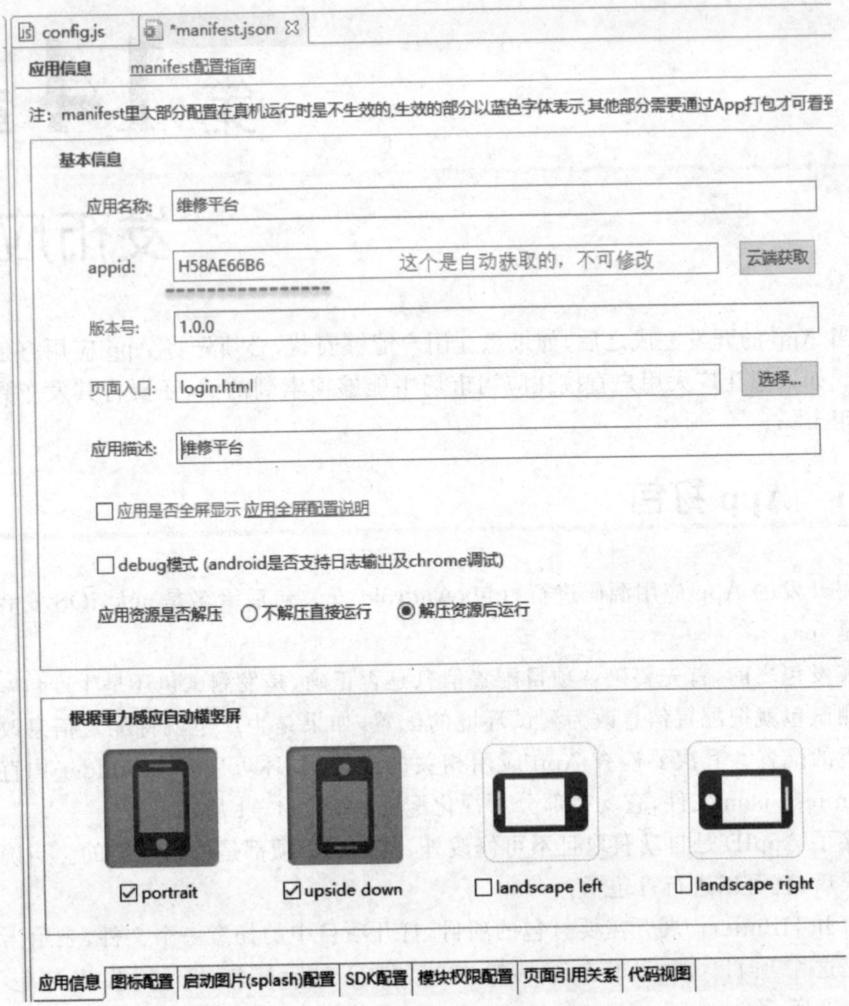

config.js　*manifest.json

应用信息　manifest配置指南

注：manifest里大部分配置在真机运行时是不生效的,生效的部分以蓝色字体表示,其他部分需要通过App打包才可看到

基本信息

应用名称:　维修平台

appid:　H58AE66B6　这个是自动获取的，不可修改　云端获取

版本号:　1.0.0

页面入口:　login.html　选择...

应用描述:　维修平台

☐应用是否全屏显示 应用全屏配置说明

☐debug模式 (android是否支持日志输出及chrome调试)

应用资源是否解压　○不解压直接运行　◉解压资源后运行

根据重力感应自动横竖屏

☑portrait　☑upside down　☐landscape left　☐landscape right

应用信息　图标配置　启动图片(splash)配置　SDK配置　模块权限配置　页面引用关系　代码视图

图 14-1　manifest.json 文件可视化配置

打包可以在后台运行，一般需要几分钟，可以在几分钟后查看打包状态，如图 14-5 和图 14-6 所示。

打包完成后，可以打开下载目录查看打包后的 Android 和 iOS 安装包。

在 Android 手机上可以直接安装 apk 格式安装包，而 iOS 手机如果想要直接安装 ipa 格式的安装包，要先越狱。

如果想直接安装 iOS 安装包到手机上，还可以通过 iTools 4 工具。在电脑上面安装 iTools 4，然后用数据线将苹果手机和电脑连接，打开 iTools 4，选择“我的设备→我的应用”，单击“安装”，选择打包好的 iOS 安装包文件，就可以直接将安装包安装到 iOS 手机中，如图 14-7 所示。

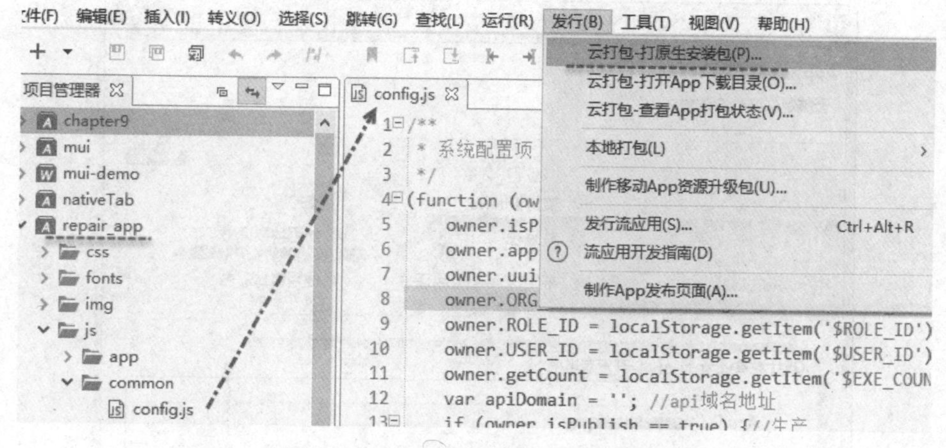

图 14-2 打开云打包-打原生安装包

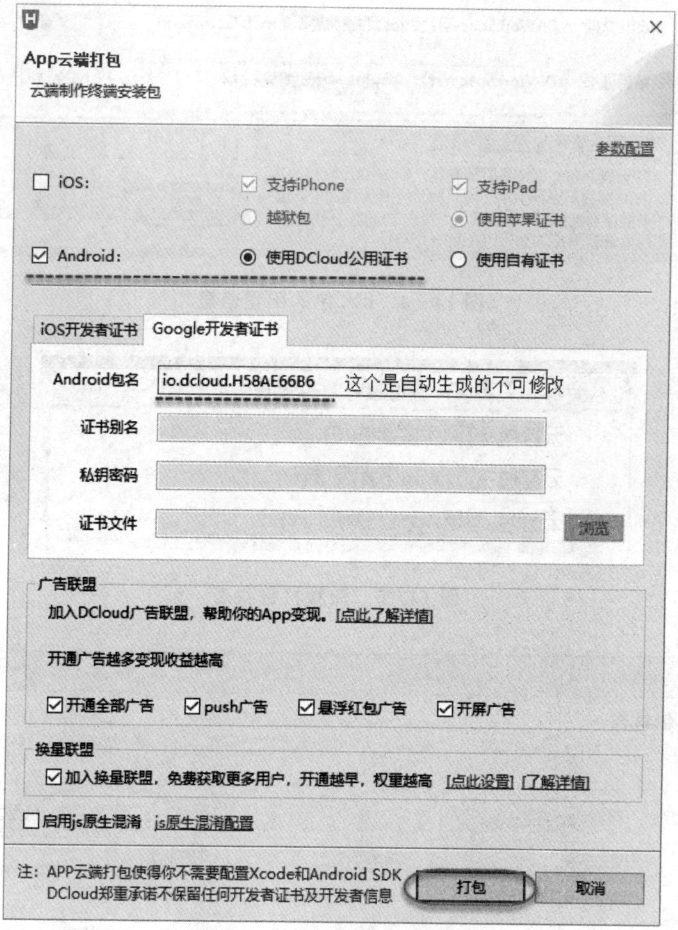

App云端打包
云端制作终端安装包

参数配置

iOS: 支持iPhone 支持iPad
越狱包 使用苹果证书
Android: 使用DCloud公用证书 使用自有证书

iOS开发者证书 Google开发者证书

Android包名 io.dcloud.H58AE66B6 这个是自动生成的不可修改
证书别名
私钥密码
证书文件 浏览

广告联盟
加入DCloud广告联盟，帮助你的App变现。[点此了解详情]
开通广告越多变现收益越高
开通全部广告 push广告 悬浮红包广告 开屏广告

换量联盟
加入换量联盟，免费获取更多用户，开通越早，权重越高 [点此设置] [了解详情]

启用js原生混淆 js原生混淆配置

注：APP云端打包使得你不需要配置Xcode和Android SDK
DCloud郑重承诺不保留任何开发者证书及开发者信息
打包 取消

图 14-3 Android 包配置

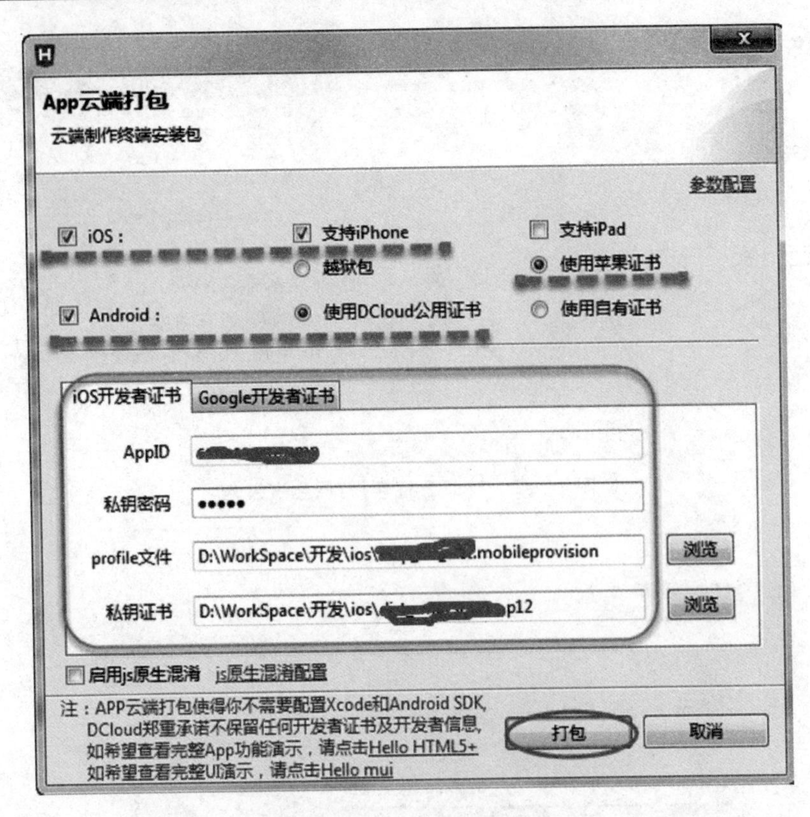

图 14－4　iOS 包的配置信息

图 14－5　查看打包状态

图 14－6　打包状态

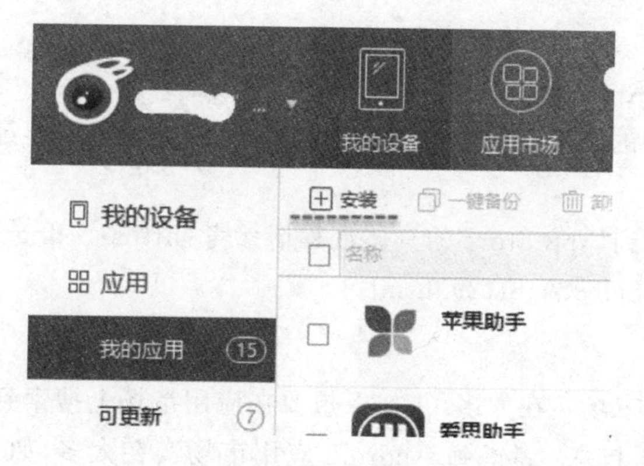

图 14－7 安装

14.2 发布到应用市场

如果想要广大用户都能够在应用市场搜索到开发的 App 应用，需要把 App 发布到应用市场上去。

1. iOS

如果要把 iOS 包发布到苹果开发者中心，首先需要注册一个苹果开发者账号。

苹果开发者账号有三种类型，根据 ASO100 的总结，目前苹果开发者账号可分为三种类型：个人、公司和企业，且三者的费用以及权限等不尽相同。

- 个人账号

① 费用：99 美元/年；

② 协作人数：仅限开发者自己；

③ 不需要填写公司的邓百氏编码（D-U-N-S Number）；

④ 支持账号下的 App 上线 App Store；

⑤ 需要创建 Apple ID。

- 公司账号

① 费用：99 美元/年；

② 允许多个开发者协作开发；

③ 需要填写公司的邓百氏编码（D-U-N-S Number）；

④ 该账号下的 App 可上线至 App Store；

⑤ 需要创建 Apple ID。

- 企业账号

① 费用：299 美元/年；

② 允许多个开发者协作开发；

③ 需要填写公司的邓百氏编码（D-U-N-S Number）；

④ 该账号下的 App 不能发布到 App Store 中；

⑤ 需要创建 Apple ID。

在这三种类型的开发者账号中，个人开发者账号是所需资料最少、最容易申请下来，且最常用的。

iOS 应用发布到 App Store 的具体流程请参考：https://jingyan.baidu.com/article/4dc40848b3b8cfc8d946f129.html。

2. Android

Android 应用市场实在太多了，如果想要在应用市场上搜索到自己发布的应用，首先要把应用发布上去。考虑到 Android 应用市场实在太多，如果把安装包发布到各个应用市场的话，以后发布新版本时将会非常麻烦，因为每个应用市场都要重新发一遍。所以直接将安装包部署到自己的 Web 服务器上，然后制作一个二维码，这个二维码就直接存放在我们的安装包地址信息。

制作二维码也很简单，可以利用一些在线制作二维码的网站进行制作，这里使用的是微微二维码：http://www.wwei.cn/。假设安装包的地址为：http://www.repair.com/App/android.apk，那么直接在网站上输入二维码文本，然后配置需要生成的二维码样式，这里选择默认生成 100px 的二维码图片；最后单击“生成二维码”，生成成功之后，按钮变成了“修改二维码”，如图 14-8 所示。

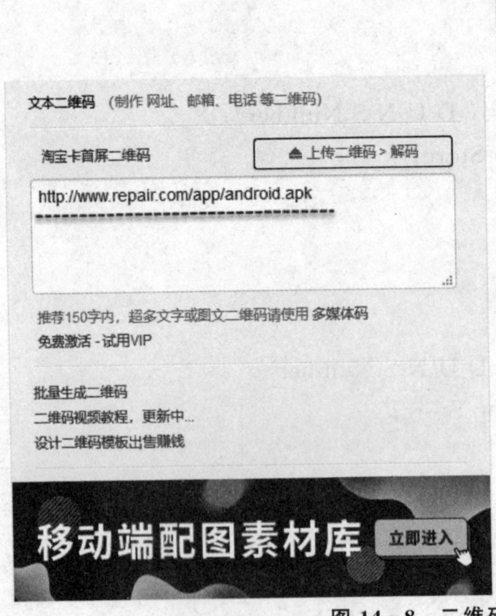

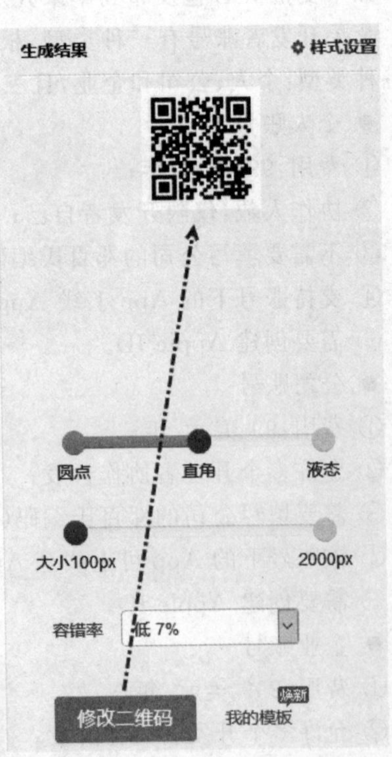

图 14-8　二维码生成

生成二维码图片之后，可以右击二维码，然后把图片保存下来了。因为 iOS 和 Android 的安装包不同，所以还需要制作一个 iOS 的二维码，制作方法类似，只是二维码文本不同。

当用手机微信扫二维码时，有时它无法自动下载，这个时候需要选择使用“在浏览器打开”，具体操作如图 14-9 所示。

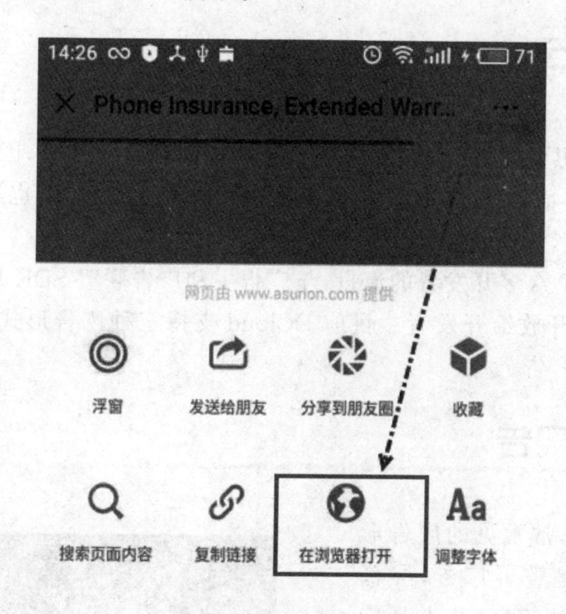

图 14-9　在浏览器打开

第15章

植入广告

在以前，如果想要在App中植入广告，是比较困难的一件事，因为大多数开发者的App日活较低，面对广告主没有议价能力，申请广告SDK也容易被广告联盟拒绝。

DCloud整合了众多开发者的流量，与广告主和广告联盟SDK厂商谈判，可以拿到更好的价格，并开放给开发者。目前DCloud支持三种广告形式：开屏广告、悬浮红包广告和push广告。

15.1 开屏广告

开屏广告是非常常见的广告形式。开屏广告不是整屏广告，屏幕底部仍然是App的信息，往上是广告区。底部App信息支持在manifest配置个性化图片，不配的话默认是App的“icon+名称”。

开发者不必担心广告会影响用户对自己的第一印象。平台默认的策略是，用户第一次使用该App时不会展示广告，第二次启动App才会出现广告。当然这有可能影响广告的收益，后续DCloud会提供配置用于平衡。没有广告主投放开屏时，App仍然显示自己的splash（启动页）。开通开屏广告需要HBuilder9.0.2版及以上，开屏广告示例如图15-1。

图15-1 开屏广告示例

15.2 悬浮红包广告

悬浮红包是广告界的新宠，这个子行业叫做互动广告。不同于生硬的展示广告，抽红包通过福利、限制每日抽奖次数、多变的抽奖方式，增加了趣味性，把广告、游戏和福利融为一体，成为可以玩的广告。

在实际业务测试时抽红包取得更好的数据表现，其次日留存达到了25%，作为广告，可能比不少App的留存率还高。很多亿级用户量的App变现，都开始使用抽红包模式，包括360手机卫士、天气通等（可另行下载体验）。

根据这段时间DCloud的数据统计，悬浮红包是变现率最高的广告表达方式，想要更多收益一定要开通悬浮红包，悬浮红包示例如图15－2。

图15－2 悬浮红外示例

15.3 push广告

虽然有些手机用户有“推送洁癖”，但数据表明，在三四线城市存在大量的网民每天点各种push（推送）广告。如果读者开发的App不是面向精英效率人士的，那么开通push也是获取收益的不错选择。

实际App接入推广广告时，会根据用户画像给予不同的推送，并不是固定的红包推送；并且，实际推送时也不是每次App启动都推送。为了不对用户产生过多干扰，默认的推送策略是，一个手机用户一周最多收到3条推送。该策略后续会开放，允许开发者自行定义。

推送广告在安卓手机上的图标，一般都是单独分配的广告图标，不是开发者的App图标，在消息栏上看不出来是开发者的App在推送。push广告示例如图15－3所示。

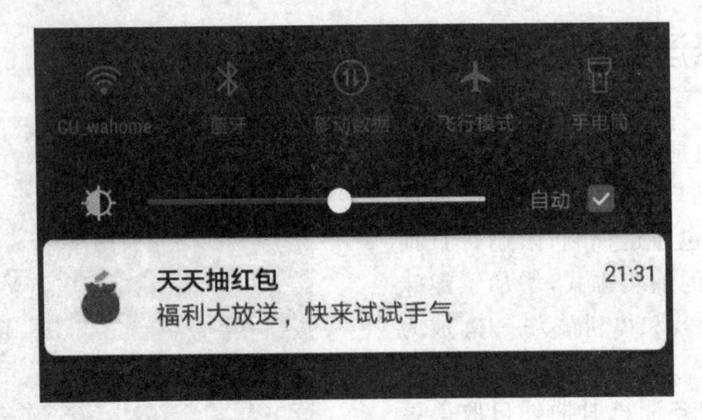

图 15-3　push 广告示例

15.4　开通步骤

在开发的 App 应用中植入广告来赚取广告费，现在非常方便，因为在新的 HBuilder 中已经集成了广告联盟的广告，而且可以通过系统后台控制广告的开关，非常方便。

在使用 HBuilder 进行云打包时，会看到一个广告联盟的选项卡，单击"点此了解详情"，将会跳转到 DCloud 开发者中心(http://dev.dcloud.net.cn)。(注意，默认单击后的网页可能是用 IE 打开，请使用火狐或者谷歌浏览器，因为 IE 会有问题。)如果开发者还没有 DCloud 开发者账号，请先注册一个，然后登录进去，如图 15-4 所示。

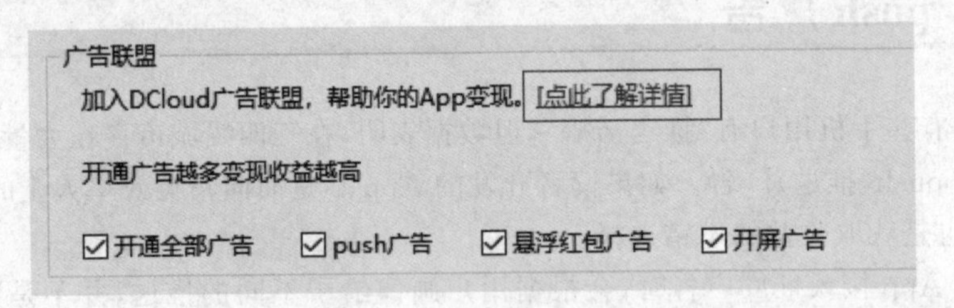

图 15-4　广告联盟选项卡

在第 14 章中已经对 App 进行了打包，所以在进入 DCloud 开发者中心后，会看到打包过的所有 App 应用，如图 15-5 所示。

单击需要设置广告的 App 应用，这里是"维修平台"，由于我已经进行了实名认证，所以进去之后可以直接看到广告配置信息。如果开发者是第一次开通，默认会提示开发者进行实名认证，此时需要先进行实名认证才能开通广告。进行实名认证，需要提供手持身份证照片的拍照，当开发者提交完认证信息后，基本上 1～2 个工作日就会出审核结果，此时还要完善个人账户信息，主要是银行卡信息，这个是为了广告

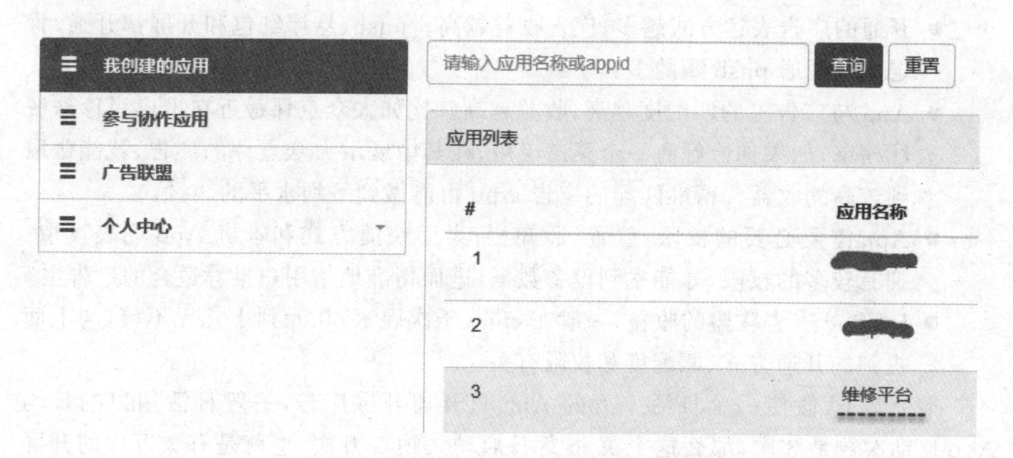

图 15-5　打包过的 App

收入提现用的。如图 15-6 所示。

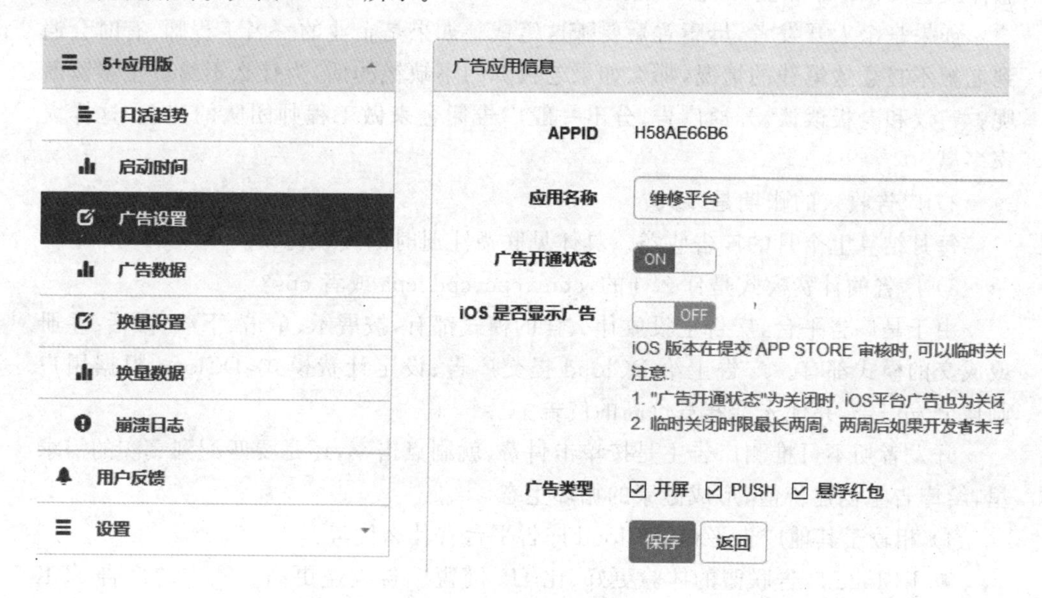

图 15-6　广告设置界面

如图 15-6 所示，我开通了 Android 的广告，开发者可以随时控制广告的开关。

15.5　问题答疑

1）广告收益的高低与什么有关？

- App 日活越高，广告收益越高。注意老版不支持广告的日活，需要督促手机用户升级到新版。

- 开通的广告表达方式越多，广告收益越高。push、悬浮红包和开屏都开通，肯定比只开通 push 赚的多。
- App 与广告主的匹配度越高，收益越高。比如大众点评最近在推广黑珍珠餐厅榜单，如果你恰好有一个菜谱应用，在其中展示大众点评的广告，就能赚取到较高的收益。精准匹配的广告 arpu 可能做到平均水平的 30 倍。
- App 需要必要的权限：位置、通知栏、桌面快捷方式和本机 App 列表读取。拥有较多的权限，才能拿到设备数据，进而精准地给用户推荐适合的广告主。
- DCloud 广告联盟的收益，一般在 cpm（千次展示）几元到十几元不等，与上面提到的开通方式、匹配度和权限有关。

举个例子，假使一个日活 1 万的 App 只开通开屏广告，一般日活用户的日均 App 启动次数是 3 次，那么这个 App 每日启动大约 3 万次，也就是有 3 万次的开屏曝光。按千次展示 cpm4 元计算，每天有 120 元佣金，一个月就是 3600 元。如果把悬浮红包、push 都加上，月收入能接近万元。

如果是个人开发者，毋庸置疑要赚这笔钱。如果是企业的一名工程师，有时会遇到老板不在意这笔钱的情况，那么如果老板真的不缺钱的话，为什么不给员工多涨薪呢？建议和老板谈谈，开通广告，分出一般广告佣金来做工程师团队的奖金，这样大家多赢。

2）广告收入的账期是多久？

每月结算上个月的广告收益。具体见联盟注册时的授权协议。

3）广告的计费模式是什么样的，cpm、cpc、cpd、cpa 或者 cps？

由于是广告平台，广告主投放什么样的模式都有，按展示、单击、下载、激活、注册或成交的模式都有。广告主给 DCloud 提交广告、设定计费模式，DCloud 根据用户画像分发广告，并优先推荐竞价高的广告主。

开发者切不可推测广告主是按单击付费，就刷点击率，还是要匹配到真实的需求里，给广告主创建价值，形成健康的循环生态。

4）相较于其他广告平台，DCloud 广告平台有什么优势？

- DCloud 广告联盟的体验更好、比 H5 网盟广告收益更高。三方的广告 SDK 无法和 5＋App 原生化融合。比如开屏、信息流等很多广告形式，只有 DCloud 才能完美地和 App 内容融合，提供原生化广告。相比于飘 banner、应用推荐下载的积分墙等体验不佳的广告，原生化广告的体验和变现收益要好过数倍。
- 大型广告平台，如百度、腾讯和 360 等，都对 App 的用户量有要求，日活不过 50 万次的 App，很难通过申请。如果走 H5 网盟，对于 c/s 的 App 而言会进入作弊名单；对于 wap2App 的 App 而言，因为广告的体验不佳，不能原生化，开屏、push 也都做不了，所以变现效率不如 DCloud 广告联盟。
- DCloud 的流应用比下载原生 App 有更高的导流效率。广告主投放原生

App时，因为下载安装的步骤长，很容易折损。DCloud的流应用技术帮助广告主大幅降低折损，秒开应用。广告主的收益更高，其愿意支付的广告佣金也越多。

5）我的App是有属性的，是否可只投放匹配该属性的广告者？

广告平台是根据广告主的意向分配广告的，在筛选数据时载体App的属性只是一个数据项，主要还是看这个设备的imei在广告平台本身的画像。比如你的App是教育类App，但某个手机设备使用你的App时，广告平台可能发现这个设备是一个年轻女性用户，就可能匹配时尚电商的广告。单一匹配教育类相关的广告主，很可能会轮空广告位，无法保障变现效果最大化。

App开发者可以放心地把广告匹配对接给广告平台，D-AD广告平台整合了众多广告资源，有数据画像检测和用户兴趣检测能力。

6）iOS平台提交App Store审核时，能否暂时屏蔽广告显示？

可以登录http://dev.dcloud.net.cn，“广告联盟→广告应用列表”，可以对iOS平台是否显示广告进行开关配置。

第16章

消息推送

HBuilder 基座集成了常用的推送平台，包括个推和小米推送功能。

16.1 使用须知

push 是一个可用但不可依赖的功能。

(1) 手机用户有自主关闭推送的权利，如果被关闭自然无法收到 push；

(2) Android 的 push 更不可依赖，Android rom 厂商为了省电会禁止 push 进程开机自启、三方清理软件会杀掉 push 进程。

不止是个推，所有非大厂的 App，没有进入 rom 厂商和三方清理软件白名单的 App，不管用哪个推送方案都可能会被“杀”。

当然集成了小米推送后在小米手机上肯定不会被“杀”，但在其他平台被“杀”的概率可能更高。本质上推送是一个有利于开发商但却很容易造成用户骚扰和费电的功能，所以大多数主流 App 里的 push 的实际用处都是非实时活动推送的，必要时要补充发短信通知的方式。

关于三方推送服务商，其实发展多年后，技术和服务差距都不大，核心还是在于用户量，因为集成的 sdk 越多，保活和看护机制越有效果。从个推、极光等公司在 ipo 披露的数据来看，还是个推占据优势。

目前做推送功能一般都是依靠第三方平台实现推送；平台都有个推，小米推送、极光以及友盟等。考虑到 HTML5＋内置了个推，而且又免费，所以自然是本项目的选择。

注意： 必须打包之后才能实现推送成功，因为 HBuilder 调试的话会有自己默认的 AppID 和 AppKey，这样就与各个推平台注册的不一致，导致推送信息收不到。因此，想要验证先打包再进行测试。

MUI 里对于接收 push 有两种监听事件：

① receive

② click

下面分别介绍这两种监听的触发机制

对于 iOS 来说：

当应用在线时，直接触发 receive 事件；

当应用不在线时，是从苹果的 APS 发消息给终端，终端接收到消息会进入消息中心，单击该消息打开应用触发 click 事件。

对于 Android 来说：

首先 Android 可以接收的消息类型很多，以下例子是就透传消息来说明的。

Android 在接收透传消息时：

(1) 如果该消息符合透传消息的格式（['title'=> "通知标题",'content'=> "通知内容",'payload'=> "通知去干嘛这里可以自定义"]），无论应用是否在线，都会进入消息中心，单击该消息打开应用并触发 click 事件。

(2) 如果该消息不符合透传消息的格式，如果应用在线，会直接触发 receive 事件，如果应用不在线，则既不会在消息中心展示，也不会触发任何事件。

16.2 个推应用信息申请步骤

1. 注册个推开发者账号

首先，登录个推开发者中心，网址：https://dev.getui.com。如果还没有账号，要先注册一个开发者账号。

2. 创建个推消息推送应用

登录个推开发者中心，在"产品与服务"选项卡中，单击"个推・消息推送→登记应用"。

3. 填写应用的基本信息

如图 16-1 所示。

特别说明：Android 平台应用标识为包名，需要和在 HBuilder 打包填写的包名一致。iOS 平台需要上传 aps 证书，证书对应的 AppID 和在 HBuilder 打包填写的 AppID 要一致。

4. 获取应用的 AppID 和 AppKey

如图 16-2 所示。

5. manifest.json 模块权限配置中加上 push 权限

如图 16-3 所示。

6. SDK 配置

AppID、AppKey 和 AppSecret，将图 16-2 中的三个参数填入 manifest.json 中，如图 16-4 所示。

如果在使用个推的过程中遇到问题，可以直接去个推官网上联系客服人员，他会把你拉入讨论组，瞬间会有一大群程序员帮你解决问题。

登记应用

*应用图标：

请上传25K大小以内的图片

*应用名称： repair 6/30

*应用类型： 其他

*应用平台： Android iOS

参数设置

Android

*应用标识： io.dcloud.H58AE66B6

图 16-1 基本信息界面

图 16-2 获取应用的 Appid 和 Appkey

7. 添加接收消息代码

在 global.js 中添加如下代码：

```
/**
 * 监听消息推送-个推
 */
document.addEventListener('plusready',function () {
```

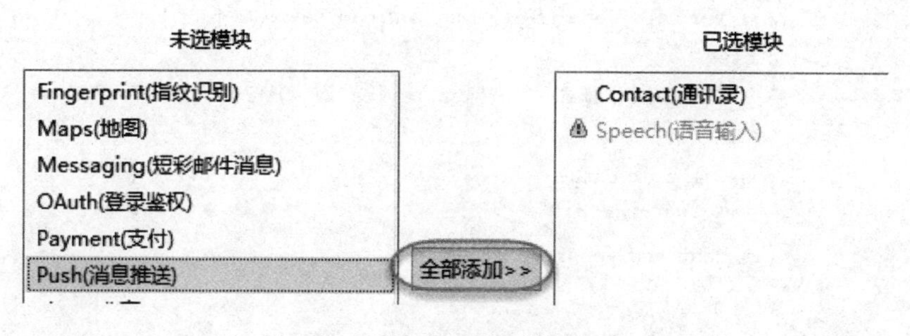

图 16-3　添加 push 权限

plus.push-推送

推送SDK配置指南

☑个推

appid imWrYj5TmK7X4jc　　appkey E4prW0e5R39OJzo

appsecret X3tWGc1MpJ6dOz

图 16-4　相关参数配置

```
        plus.runtime.setBadgeNumber(0);
        plus.push.setAutoNotification(true);
        //监听推送消息接收事件
        plus.push.addEventListener('receive',function (msg) {
            try {
                //if (plus.os.name != "iOS") return;
                if (msg.payload && msg.payload.url) {
                    mui.confirm(msg.content,msg.title,['立即查看','知道了'],function
(e) {
                        if (e.index > 0) return;
                        redirect(msg.payload.url);
                    });
                } else {
                    mui.alert(msg.content,msg.title);
                }
            } catch (e) {
                plus.nativeUI.alert(e.message);
            }
        });
        //监听单击推送事件
        plus.push.addEventListener('click',function (msg) {
            try {
                if (plus.os.name == "iOS") {
```

```
                var data = eval('(' + msg.payload.payload + ')');
            } else {
                var data = eval('(' + msg.payload + ')');
            }
            pushCallback(data);
        } catch (e) {
            plus.nativeUI.alert(e.message);
        }
    });
});
//推送执行方法
function pushCallback(data) {
    try {
        alert(data.type);
        if (data.type == 'openWindow') {
            data.url && redirect(data.url);
        }
    } catch (e) {
        alert(e.message);
    }
}
function redirect(url) {
    window.location = url;
}
```

当 App 登录的时候，记录当前移动设备的 CID：

```
var info = plus.push.getClientInfo();
var clientid = info.clientid;
alert('clientid:' + clientid)
```

这里其实应该把这个 CID 和用户信息一起持久化到数据表中，方便后台系统往后给指定的手机用户进行消息推送。

注意：在真机联调环境和发包后的正式环境运行，这个 clientid 的值会不一样，安装包运行的 clientid 才是真实的 CID。

为了获取到真实的 CID，进行消息推送测试，将 CID 信息直接 alert(标)出来，这样在通过安装包运行时便可以看到真实的 CID。

H5＋中的 push 对应一个 getClientInfo 方法。

getClientInfo：获取客户端推送标识信息

```
ClientInfo plus.push.getClientInfo();
```

说明：

客户端标识信息用于业务服务器下发推送消息时提交给推送服务器的数据，用于说明下发推送消息的接收者（客户端）。需要客户端在第一次运行时提交到业务服务器保存。

参数：

无

返回值：

ClientInfo：客户端推送标识信息对象

ClientInfo：JSON 对象，获取的客户端标识信息

属性：

token：（String 类型）设备令牌（iOS 设备唯一标识），用于 APNS 服务推送中标识设备的身份。

平台支持：

Android—2.2+（支持）：设备的唯一标识号，通常与 clientid 值一致；

iOS—4.5+（支持）：设备的 DeviceToken 值，向 APNS 服务器发送推送消息时使用。

clientid：（String 类型）推送服务令牌（设备唯一标识），用于标识推送信息接收者身份。

第三方推送服务器管理的设备唯一标识，在 iOS 平台，此值通常与 token 不同；在其他平台，此值通常与 token 值一致。此值与设备及应用都相关，即不同的 apk/ipa 安装到同一台设备上的值都不相同。

AppID：（String 类型）第三方推送服务的应用标识。

第三方推送服务器管理的应用标识，通常需要在第三方推送服务器平台进行注册获取。

AppKey：（String 类型）第三方推送服务器的应用键值。

第三方推送服务器管理的应用键值，通常需要在第三方推送服务器平台进行注册获取。

8. 推送测试

为了演示，这里直接在个推平台上面进行推送测试，而在真实的应用场景，通常是系统后台调用个推提供的 SDK，来给指定的用户或者所有用户进行消息推送，如图 16-5 所示。

获取前面取到的手机 CID，单击“发送预览”，填入 CID 信息，如图 16-6 所示。

在实际应用中，通常不是通过个推的后台直接去发送消息的，而是通过我们自己开发的后台系统，去调用个推提供的 API SDK，从而实现消息推送。个推提供的 API SDK 下载地址：http://docs.getui.com/download.html，选择需要的 SDK 下载，如图 16-7 所示。

图 16－5　推送消息

图 16－6　测试预览

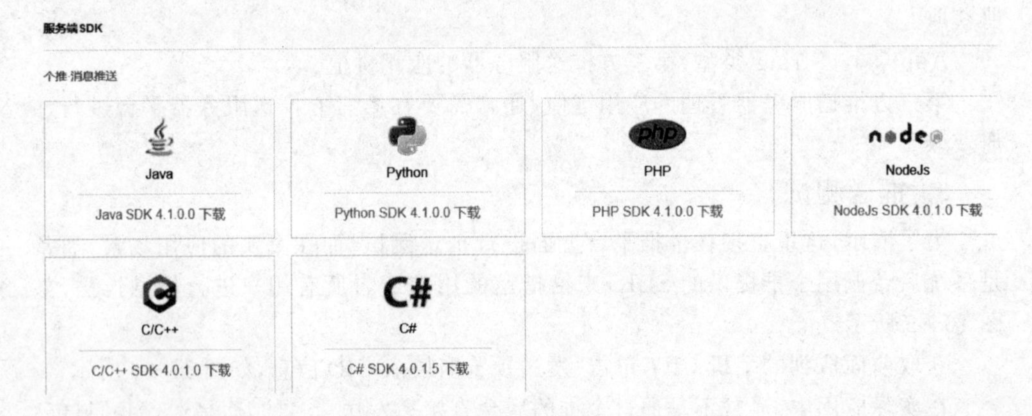

图 16－7　个推 API SDK 下载界面

个推提供 JAVA、C＃、PHP 和 Python 等多种语言版本的服务端 API SDK，可以和各种第三方应用服务器技术架构进行对接。为了最大程度的提高消息推送性能，第三方开发者需要根据业务需求合理选择消息推送形式。如果是针对每个用户进行定制化的消息推送，或是实现类似 IM 的点对点消息，请采用单推消息形式（SingleMessage）；如果需要根据特定条件筛选出一批 CID 后推送相同的内容，请选择批量推送形式（ListMessage）；如果希望针对省市或全量用户进行推送，请选择群推形式（AppMessage）。

关于 API 更加详细的使用，请参考官网提供的文档：http://docs.getui.com/getui/start/getting/。

16.3 常见问题

1. 为什么真机运行时不能收到推送的消息？

答：如果需要测试推送功能，需要使用 HBuilder 云打包生成的安装包进行测试。

2. 推送消息到安卓平台为什么没有在消息中心中显示？

答：如果推送到安卓平台的消息是透传消息，并且格式不符合规范则会触发监听页面的 receive 事件，消息不会进入消息中心。

3. iOS 平台本地创建本地消息会触发"receive"事件，如何和服务器发送的消息进行区分？

答：用户在创建 iOS 本地消息是可以在"payload"节点添加特殊标记对消息进行区分的。

第 17 章

其　他

这一章主要讲一些本项目中没有用到,但读者在其他项目中可能会用到的一些界面,这些界面只完成了界面样式和交互编写,并没有完成数据 mock。

17.1　评　价

关于维修工单的评价,在本项目中并没有这一流程,考虑到读者在今后的项目中可能会用到,所以这里也做一下讲解。主要的功能有两个:一个是满意度评分,另一个是手写签名。

假设工单进行完工操作后,工单的报修者可以对工单进行评价操作。在 pages/home/repair 目录下添加 sure. html 文件,运行效果如图 17 - 1 所示。

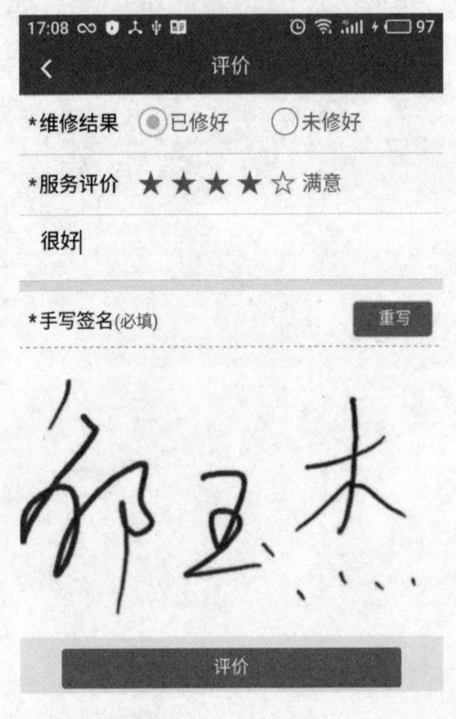

图 17 - 1　评价界面

需要注意的是，手写签名存储的是 base64 的图片，应将其直接存储到数据库中。关于详细的代码实现，大家可以查看书中提供的源码。

17.2　意见和反馈

"意见和反馈"界面在 pages/my 目录下，新建 feedback.html 文件，界面运行效果如图 17-2 所示。

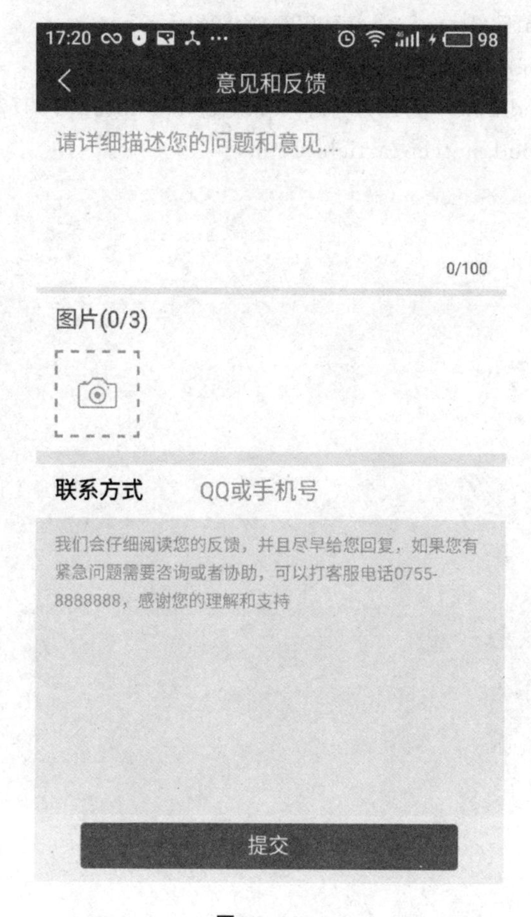

图 17-2

参考文献

[1] https://baike. baidu. com/item/Dcloud/8358528。

[2] https://blog. csdn. net/gang544043963/article/details/74905725。

[3] https://www. cnblogs. com/dirkhe/p/7384743. html。

[4] https://segmentfault. com/a/1190000008489550。

[5] http://ask. dcloud. net. cn/article/34。

[6] https://blog. csdn. net/u013705066/article/details/52516377。

[7] http://ask. dcloud. net. cn/article/13084。

本书分三篇，系统地介绍了小程序开发基础、核心框架和商城项目实战。第一篇为基础篇，包括小程序入门和小程序框架等基础知识；第二篇为高级篇，包括小程序框架组件、小程序框架 API 和小程序服务端开发思路等相关知识；第三篇为实战篇，包括小程序商城需求分析和数据库设计、小程序商城前端程序开发和小程序商城后端程序开发等商城项目实战开发内容。本书由浅入深、循序渐进地讲解技术知识，借助丰富的图表示例以及详实的代码说明，带领读者从 0 到 1 全面认知微信小程序实战项目开发，读者只需扎实理解和具体实践，即可快速开发出微信小程序商城这个最具商业价值的应用。

本书适合对微信小程序开发感兴趣的读者自学，同时可供小程序开发人员、前端开发者、培训机构和企业内训使用。

本书系统地从简单到复杂讲解了 Android 研发所涉及的全面开发技术。内容包括:高级图形图像处理;图形图像渲染的梯度渐变;由静至动的动态拖曳 View 及动画,View 高级特性;高级组件开发;桌面部件 AppWidget;OKHttp 一揽子网络技术解决方案;图片加载利器 Glide;高阶 Java 多线程在 Android 中的运用;大数据、多任务、断点续断下载管理;内存与物理存储高效缓存及策略;进程间通信之 AIDL 机制;框架性架构体系;企业级开发 ORM 数据库技术;多媒体与图像识别扫描技术;蓝牙网络通信技术;RxJava/RxAndroid 脉络清晰的响应式编程;AndroidDataBinding:MVVM 架构基石,数据驱动 App 运转;AndroidNDK 开发技术;Android 传感器。本书在技术点编排上循序渐进,侧重培养在实际项目开发中的动手能力;精心选取的关键程序代码,由浅入深地帮助读者快速、直观地深入到代码层面理解和掌握 Android 高级开发技术。

本书适合 Android 初学者和需要在 Android 开发技术方面进阶的中级开发者使用。